读客文化

半小时
漫画科学史3

陈磊·半小时漫画团队 著

文汇出版社

图书在版编目（CIP）数据

半小时漫画科学史. 3 / 陈磊·半小时漫画团队著. -- 上海：文汇出版社，2021.6
ISBN 978-7-5496-3521-4

Ⅰ. ①半… Ⅱ. ①陈… Ⅲ. ①自然科学史－世界－普及读物 Ⅳ. ①N091-49

中国版本图书馆CIP数据核字(2021)第072850号

半小时漫画科学史.3

作　　者 /	陈磊·半小时漫画团队
责任编辑 /	若　晨
特邀编辑 /	肖　飒　　李晓兴
封面装帧 /	汪芝灵
出版发行 /	文汇出版社 上海市威海路755号 （邮政编码200041）
经　　销 /	全国新华书店
印刷装订 /	天津盛辉印刷有限公司
版　　次 /	2021年6月第1版
印　　次 /	2022年8月第8次印刷
开　　本 /	880mm×1230mm　1/32
字　　数 /	40千字
印　　张 /	9

ISBN 978-7-5496-3521-4
定　　价 /　45.00元

侵权必究
装订质量问题，请致电010-87681002（免费更换，邮寄到付）

陈磊·半小时漫画团队介绍

总策划：陈磊

李翔

蒙古王

吴钟铭

理性乐观派

焦旭

闷骚领域先锋

张琦琦

七宝不是八宝

李建红

睡不饱的小仙女

杨继磊

终极非专业画手

张华

绍兴爱因斯坦

朴泽星

朝鲜飞行员

颜紫霞

荆楚理科女

赵瑞丽

无情洗碗机

于岩

能写能画能打全能选手

宋昊达

混知武力值巅峰

潘阔

铁岭潘安

宋淑宁

直击灵魂的画手

季志明

向往自然科学的画师

唐宇翔

爱好历史的游戏迷

徐雷凤

七宝池中妙晓莲

闫宏凯

不喝可乐

一、不懂舔狗，谈什么电磁学　001

二、电磁江湖　031

三、经典物理的两朵乌云　065

四、极简爱因斯坦传　097

五、容易到抠脚的相对论　135

六、量子力学前传 ····· 165

七、量子力学正传 ····· 193

番外一、基因的发现，就像一出捉妖记！ ····· 217

番外二、无菌术？这是一个寻找凶手的故事！ ····· 253

参考书目 ····· 277

一、不懂舔狗，谈什么电磁学

如果你经历过九年义务教育,那一定被这张图深深地伤害过:

电流、电压、电阻……每个电字辈的脚下,都倒着无数亡魂。

而这本书的开篇，混子哥就来扒一扒，这些惨案背后的始作俑者们。

这出好戏还得从两千五百年前说起。

序幕：电的发现

话说很久以前，科学发现纯靠人眼识别。有一天，**泰勒斯**一时手痒，拿着琥珀与皮毛摩擦。

泰勒斯
古希腊哲学家，被称为科学的祖师爷。

结果他发现这种半透明的小石头，居然产生了吸引轻小物体的魔力。

面对这个现象，老泰开始怀疑人生，但始终没整明白其中的原理。

直到16世纪，一个不务正业的英国医生**吉尔伯特**突然发现：琥珀和皮毛摩擦生电，关键词不是琥珀！

是摩擦！

他做了些实验,发现不只琥珀,其他玩意儿也能摩擦生电。

比如,石头界的颜值担当——水晶。

于是为了加以区别,吉尔伯特就在原先的基础上,给这个现象起了个正经名字。

从此,电学研究成了热门话题榜的常客。各路名人都纷纷开始追热点。

比如,德国马德堡的市长盖里克,就发明了一台**摩擦起电机**。

这也是人力发电的处女秀,堪称人工"制"能的鼻祖。

又比如,荷兰莱顿城的某个实验室,发明了一种可以储存电的装置,这就是大名鼎鼎的**莱顿瓶**。

不过这些发现只是让电现象的研究变得更方便。另一个问题才真正直击大伙儿的灵魂深处：

当你搞懂电的本质，就会发现发电这事儿：

**光有爱情还不够，
关键得会当舔狗。**

第一幕 电的本质之静电与电流

话说大伙儿知道摩擦能生电后,逮着东西,不管三七二十一,就是一顿摩擦。

正当所有人都感叹这神奇"摩法"的时候,有个英国匠人,却发现了另一个奇怪的现象:

电不仅会产生,还会传导!

斯蒂芬·格雷

英国发明家,晚年闲得无聊,专门研究电,发现了电传导现象。

简单解释一下**电传导**：就是带电的物体，通过中介，把电传给另一个物体。

这样即使不摩擦，原本不带电的物体也有了吸引力。

那些立场不坚定，给电就传电的物体，我们称之为**导体**；

而那些不易传导，半天打不出一个屁的物体，我们称之为**绝缘体**。

为此,格雷还做过一个实验:把小孩吊在空中,用摩擦过的带电玻璃棒接触小孩,发现小孩的身体也能吸引羽毛。

格雷就用这种丧心病狂的方式,证明了人也是导体。

而又过了几十年,在大洋彼岸的美国有个中二大叔,根据电传导现象,做了个大胆的预测。

本杰明·富兰克林
美国物理学家,专业建国,业余搞学术,兴趣爱好是放风筝。

富建国放风筝这事儿大家都熟,但老实讲没啥依据。不过认为天上打雷和摩擦生电是一回事儿的,他倒是头一个。

关于电的传导,建国同志是这么想的:

既然电可以产生,也可以转移,那——

后来咱们知道，他指的这个东西，就是**电荷**。

咱们虽然把电荷画成狗，但人家并不是单身狗。

带正电的**正电荷**　　带负电的**负电荷**

富兰克林是这么解释的：

原本不带电的物体里正负电荷数量相等，维持着平衡。

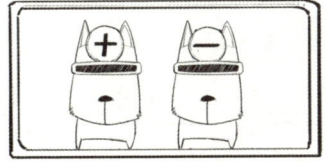 

但是在摩擦的时候，电荷发生了转移。

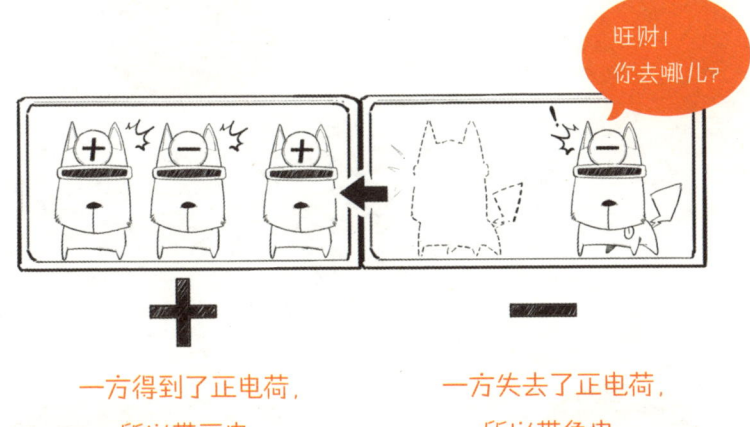

一方得到了正电荷，所以带正电。

一方失去了正电荷，所以带负电。

这与咱们现在认为的"两个物体摩擦时，容易移动的是**带负电的电子**"这一看法恰恰相反。

这种转移后，电赖着不动了，就叫静电。

除此之外，前面说了，电还会在导体里传导，富建国为这个现象取了个好名字。

当然现在对于电流，有了一个更专业的定义：
电荷的定向移动就是电流。

总结一下，咱们平时常说的静电和电流，其实就是电荷的两种状态：

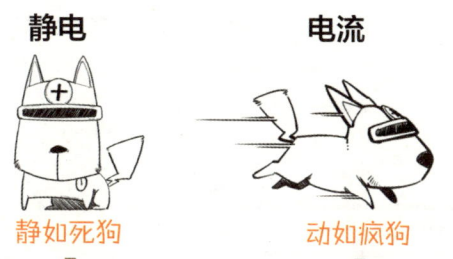

富大叔的推论，让大家了解了电荷的个性，
接下来的两个大神，就分别给静电和电流定了量。

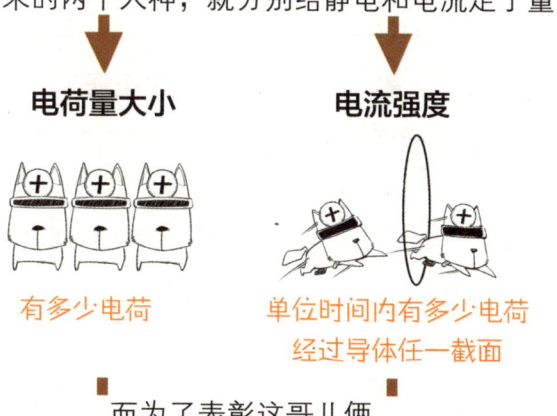

而为了表彰这哥儿俩，
用这俩人的名字，定义了这两个单位：

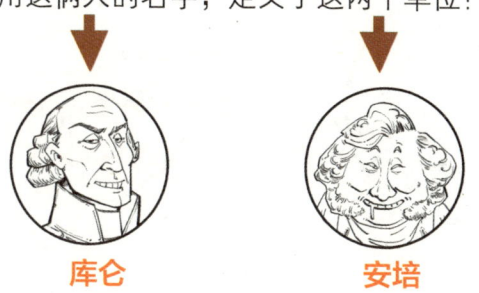

现在我们知道，电荷性格难以捉摸，动如雷霆，不动如死狗。

那到底怎么才能让电荷持续稳定地跑呢？

第二幕 电的本质之电压

科学家们早期用于实验的电流又短又快，如何让电流稳定持久一直是个难题。

最先注意到持续电流的是一个意大利医生——**伽伐尼**。

伽伐尼
意大利医生，动物学家，日常解剖动物，偶然给隔壁电磁学做贡献。

话说有一天，伽大夫正在处理一只死青蛙，手术刀接触到解剖台上的青蛙时，这个青蛙居然抽搐了起来。

伽大夫认为，青蛙抽搐的样子很像触电，结合电鳗的特点，他觉得动物本身就是带电的。

于是他发表了一篇论文，提出了**动物电**的概念。

可惜，伽伐尼猜对了结果，但搞错了原理。

关于动物电,有个嚣张的小哥站了出来,咔咔咔就是一顿怼。

这小哥嚣张到什么地步呢?连名字都透露出一股浓烈的社会气息。

伏打发现，青蛙腿会动根本不是因为青蛙有电，而是因为两块金属的相遇。

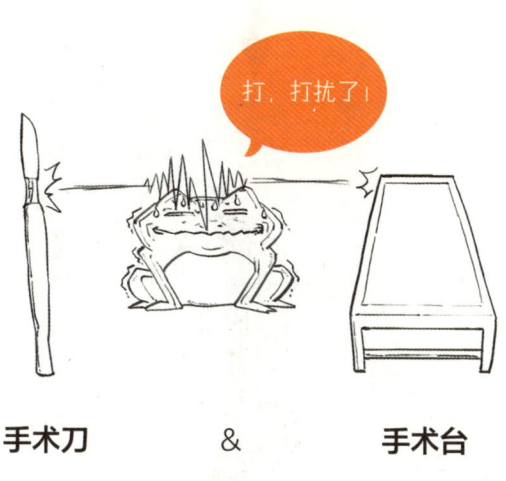

手术刀 & 手术台

伏打推测两块不同的金属接触后，会产生持续稳定的电流。于是他找了一些替代品。

用金属模拟手术刀　　用泡了盐水的纸模拟青蛙　　用另一种金属模拟解剖台

再把它们合成一块。

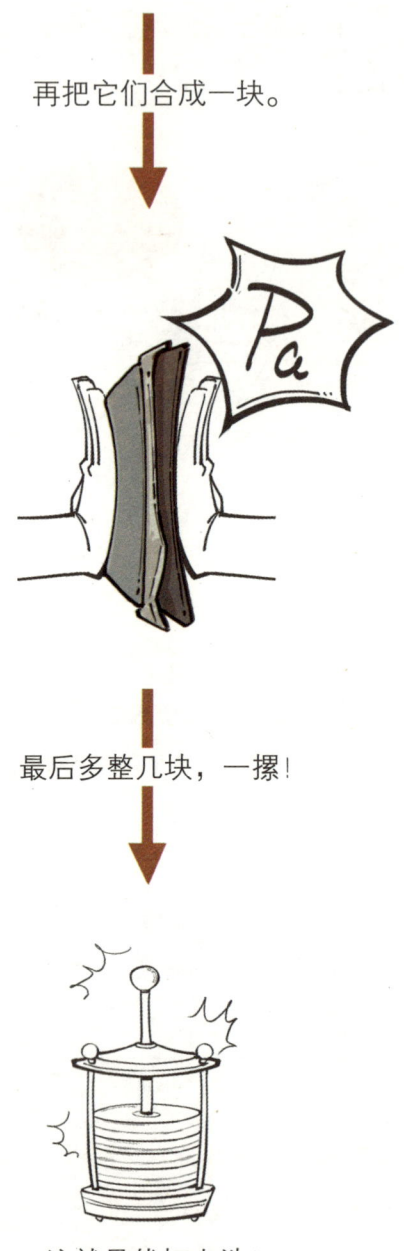

最后多整几块,一摞!

这就是伏打电池!

伏打电池一问世，立马成了网红爆款，甚至引得拿破仑都跑来参观。

那为啥电池可以提供持久的电流呢？一个德国大叔给了我们答案。

乔治·西蒙·欧姆

德国物理学家，当过老师，当过校长，是奋斗在教育一线的科学家。

他是这么解释的：

咱们知道，水流的流动是因为**高度差**。

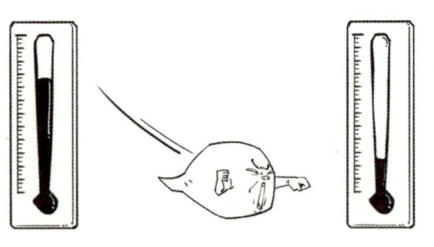

热流的流动是因为**温度差**。

那电流呢？都是流字辈儿的，不是一回事儿吗？一定也得有个差。

电池提供的这个差，就叫**电势差**，在这里也叫**电压**。

顺便提一嘴，电压的单位就是V（**伏**），伏打（也叫**伏特**）的伏。

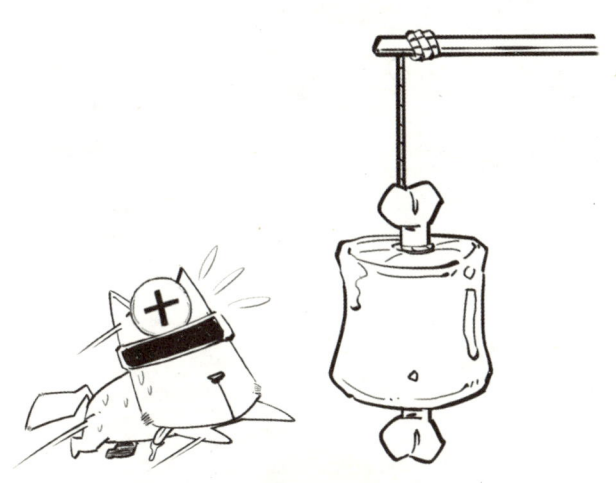

如果说电荷是条舔狗，那电压就是根肉骨头。

电压给电荷提供了动力，让它可以持续稳定地跑起来。

第三幕 电的本质之电阻

咱们已经知道电压与电流就好比骨头与舔狗,那它俩有啥关系呢?

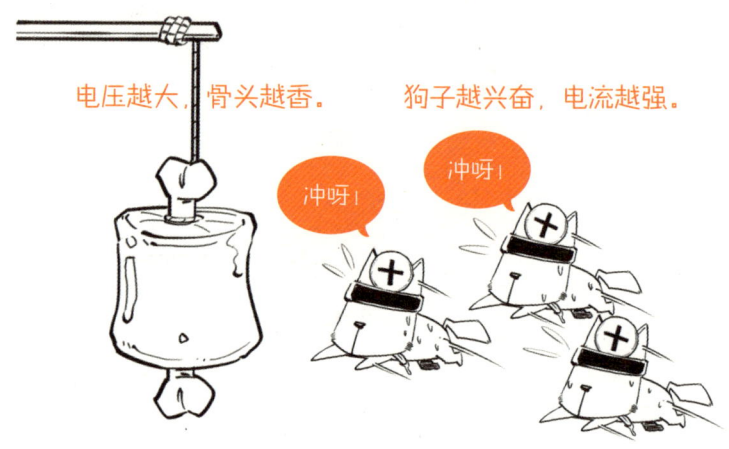

反之亦然。

所以欧校长就根据这个性质，做了些实验，并总结出了一个公式。

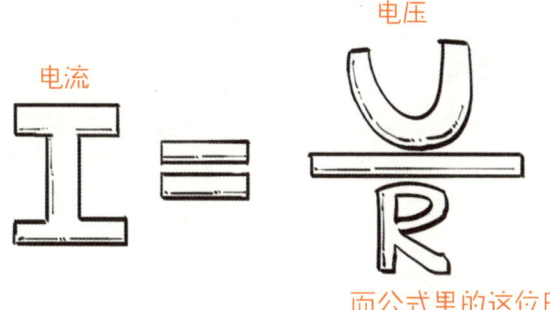

电流　电压

$$I = \frac{U}{R}$$

而公式里的这位R兄弟，就是电流与电压的见证人——**电阻**。

没错，电阻的单位就是**欧姆**。

电阻，顾名思义，是电荷移动时的阻碍，就好比康庄大道上的一个狗洞。

要注意的是，电阻的大小是由**导体本身的性质**决定的，和电压、电流没啥关系。

好了,电学这出大戏,就先介绍到这儿。

咱们今天说起电,总绕不开它的官配CP:磁。

电与磁究竟是什么关系呢?

咱们下回再聊。

二、电磁江湖

人类与电的缘分，始于泰老爷发现静电有吸引力。

而在自然界中，还有一样东西也同样具备这种魔力，那就是：

人类对电的认识逐步加深，就像摸了电门，打通了任督二脉一样，科学家们也开始把目光投向磁——

既然都这么能吸，那么电和磁，有没有可能是一回事儿呢？

面对这个脑洞，有人觉得有搞头，有人觉得无厘头。于是科学家们分成两拨，成天辩论。

最终五位大牛通力协作，电磁统一大业才得以完成。

而这五名绝世高手,我们亲切地称之为**"电磁五绝"**。

首先出场的是:

东邪·汉斯·奥斯特

老奥,丹麦人,从小就在家里的药店打工,所以化学底子不错。此外,对文学、哲学也充满兴趣,是文理科全面发展的好苗子。

大学毕业后，他留校任教。一次偶然的游学，让他结识了他的知己：**约翰·芮特**。

芮特随口说的一个观点，深深地影响了老奥。

芮特坚信，电场和磁场之间有一种物理的关系。

此外,老奥还是哲学家康德的忠实粉丝。康德也曾说:自然界的各种力,不仅同根同源,还能相互转化,包括电和磁。

这个想法在天真无邪的老奥心中生根发芽,他坚定地认为,电和磁,就像鸡和蛋,**电能生磁,磁能生电。**

于是他立马调整了自己的研究方向,一门心思地扑到了电磁学中。

然而并没有什么用……

经历了几十次的实验失败,消耗了好几年的学术生涯,老奥一度怀疑人生。

就在这时,幸运降临到了他头上。一次电路实验中接通电源的瞬间,原本平行于导线的磁针,竟然轻轻地晃了晃……

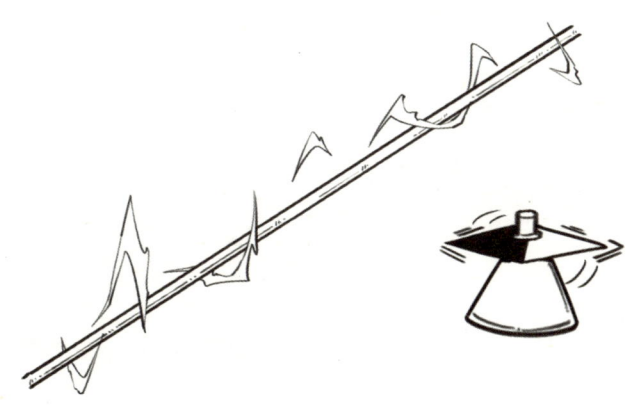

老奥捕捉到了这个小细节,并开始琢磨:磁针转动,一定是因为有磁场,既然导线通电就能让磁针转动,那不就意味着——

为了验证这个猜想,他吭哧吭哧又做了六十多个实验,最终发现电生磁的秘密。

只要导线通了电,磁场立马就出现!

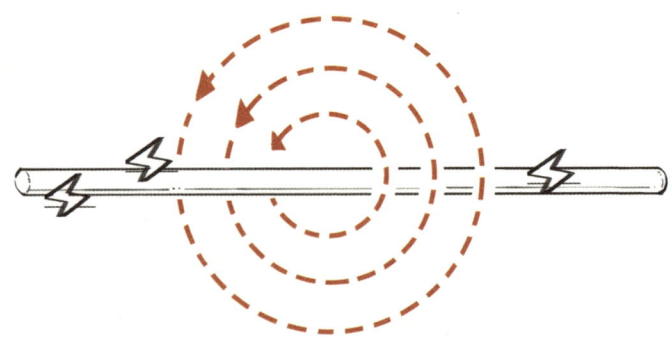

电荷只要跑起来(形成电流),就会产生一种该死的魅力,把磁针迷得晕头转向。奥斯特管这种魅力叫电流冲击。

而咱们现在称这种现象为**电流的磁效应**。

这个现象立马在学术界炸了锅,奥斯特·烦恼也进化成了奥斯特·骄傲。

因为这个发现,老奥也成了全民偶像。就有人慕名而来,想跟他聊聊人生,这个人叫**安徒生**,写了很多诱人的童话。

安徒生和奥斯特是忘年交,据说还暗恋过老奥的女儿,创作深受奥斯特的影响。

好了,言归正传。

电生磁这一发现震惊了学术界,但与此同时,大家在做实验时也发现了一些问题。

通电导线旁的小磁针,时转时不转,时左时右,捉摸不定!

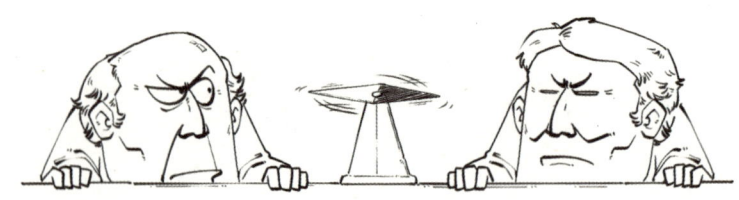

就在老奥也纳闷的时候，一个男人出现了——

西读·安德烈·安培
安子，法国富二代，虽然家境优越，但没上过什么正经学，纯粹靠着天赋，自学成才。

安子不仅天赋异禀，还贼努力，读起书来不疯魔不成活。经常给人一种读书读傻了的错觉，完全不给别人家熊孩子任何活路。

据说有一次，他边走路边想问题，一时兴起，拿起身边的石头，就在面前的马车车厢上计算起来。

结果，马车开动了，他也跟着跑，边跑边计算，直到追不上为止。

身边的行人哈哈大笑，并亲切地称他为——"马计"。

话说,最初安培一直坚信电和磁之间没有任何关系。

可当奥斯特发现电能生磁后,安子迅速改变了立场。

接着安培就针对之前的问题进行了研究。

如果说,奥斯特发现了电流能生磁场,那安培研究的就是,这个新磁场的作用力是什么样的?

安子长了个心眼,他在导线下方放上了整整一排磁针。

他发现,导线一通电,这些磁针因为磁场的作用力就齐刷刷地往一个方向转动。

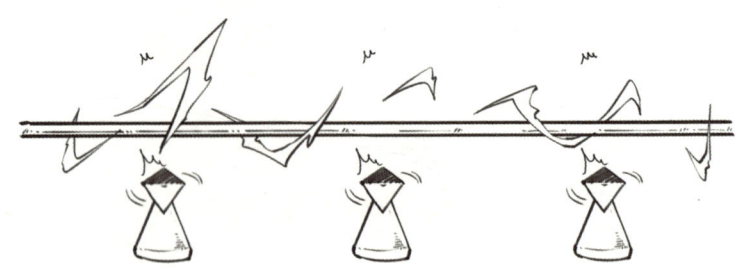

于是他开始琢磨，如果在导线周围围一圈磁针，那反映出电流周围的磁场，是不是就是这样？

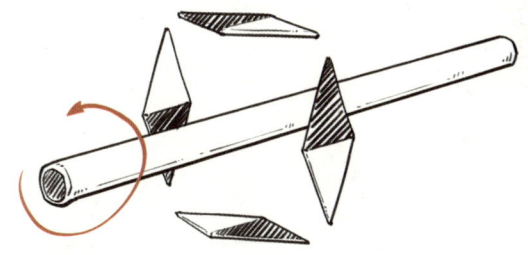

接着安子微微一笑，伸出苦练多年的右手。

结合电流的流动，得到了大名鼎鼎的**安培定则**，也叫**右手螺旋定则**。

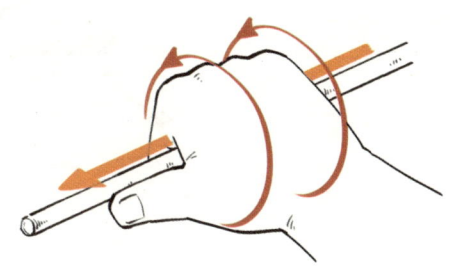

关于安培定则,初中物理都说过,咱就不展开了。

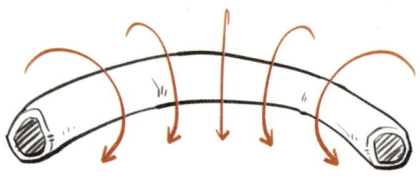

安培接着想到:如果把导线绕成圈,效果岂不就相当于一块磁铁?

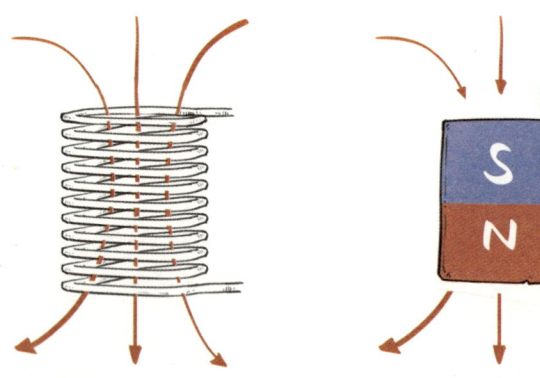

这就是**通电螺线管**。

此外,安培还在这些现象的基础上一通操作,发明了电流计。

也正是由于对电流的磁力研究,安培被誉为电学里的牛顿。

到了这儿,电生磁的秘密差不多解开了。

但电磁统一的大业才完成一半,摆在大家面前的还有另外一个难题——

磁能生电吗?

要想解开这个问题,就得隆重请出——

北丐·迈克尔·法拉第

小·法,和安培一样,也没上过啥学,又是一条九年义务教育的"漏网之鱼"。

可安子家境好,可以自学。小法呢?穷苦出身,连买书的钱都没有,小小年纪就成了打工人。

好在他挑了个卖书的地方上班，边打工，边摸鱼，边学习。

在茫茫书海中，一个晦涩的词引起了他的注意：**电学**。以小法的文化，当然看不明白电学是咋回事，只能靠查字典吭哧吭哧地自学。

当时有个学术大佬叫戴维，和混子哥一样，也致力于科普事业。

小法有幸旁听了他的讲座,惊喜地发现,以自己的文化水平,居然也能听懂大师的演讲。

法拉第对戴维的敬佩之情,犹如滔滔江水,并在演讲结束后,把演讲的内容整理成册,送给了戴维。

戴哥顿时感动得一塌糊涂。

小法抱上了戴维的大腿,终于正儿八经地走上了学术之路。
当时已经知道,电流可以让小磁针转动,于是有人提问——

针对这个课题，师徒二人都做了尝试：

戴维失败了。

法拉第成功了，他利用电流与磁铁的相互作用，捣鼓出了**电动机**的雏形。

小学肄业的法拉第在戴哥眼里约等于文盲。他居然完成了自己没有成功的实验,这让戴哥一张老脸往哪儿搁?!

于是悲剧发生了,戴维心眼小爱面子,随便找了个理由把法拉第发配去了冷门的光学玻璃专业。

然而没过几年,戴哥自己倒先领了盒饭。

他这一走,小法得以重新开始研究电磁学,并且很快把磁生电的秘密悟了出来。

实验很复杂,咱们简单说。我们准备一坨电线,连上电流表,其中有一段卷成螺线圈。

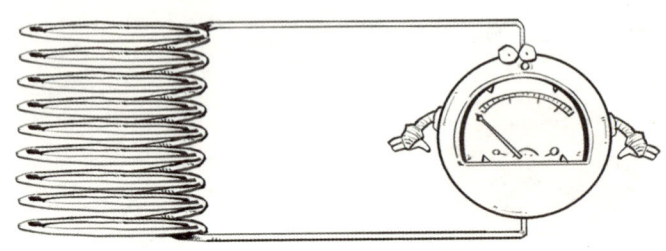

在没有电源的情况下,电流表纹丝不动。

可只要一个动作,神奇的事儿就会发生——

把一块磁铁,插进线圈。　　这时的电流表,瞬间摇摆了一下。

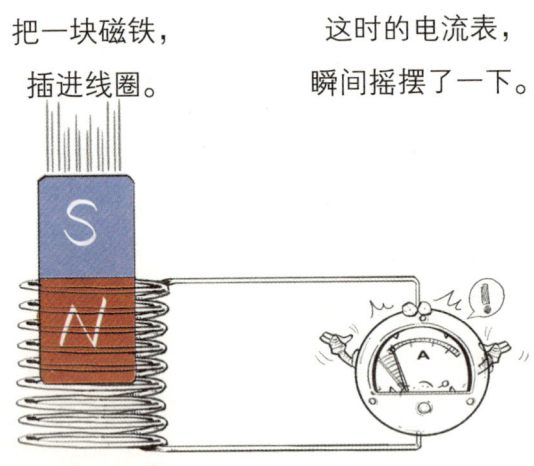

天哪,磁生电了!

而且，只在磁铁插进去或者拔出来的时候，电流表才会动。

于是法拉第做了个大胆的猜想：只有变化的磁场才能产生电流。

这就是传说中的**电磁感应现象**。

他这一折腾，不仅发现了磁生电的秘密，还一不小心发明了**初代发电机**。

法拉第左手电动机，右手发电机，把人类送进了电气时代。

　　而后人为了表彰像法拉第一样的人，发明了一个新的称号：**科学家**。在这之前，都叫哲学家。

　　虽然法拉第发现了电磁感应现象，但这事儿还没完。
　　在科学界，有条不成文的规定，不管研究啥，最后得出的结论都得用数学公式表达出来。

　　可大家都知道，世间万事万物什么都能自学成才，但——

除了数学！
可法拉第数学不咋的。

于是有个年轻人,接下了这个烂尾项目……

中神通·詹姆斯·麦克斯韦

韦仔在上大学的时候,就被法拉第的研究成果吸引,并产生了补上数学总结的想法,于是他写了篇论文,用数学描述了小法的研究。

小法看到论文后，泪流满面，感觉遇到了真心人。于是赶紧写信，约韦仔碰头。

两人一见如故。

接着韦仔闭关修炼，五年磨一公式，终于琢磨出了震撼世人的——

麦克斯韦方程组

这个公式，把**电生磁**、**磁生电**，几乎所有的一切蕴含其中，给电磁学的统一大业，画上了句号。

而更精彩的是，韦仔根据这个公式，做出了一个预言：

这世界上有种东西，叫**电磁波**。

后来，德国的一个小弟，**南弟·海因里希·赫兹**发现了电磁波的存在，从而证明了韦仔的预言是正确的。

楼上蒙对了！

电磁波这一预言不仅是超前的,还将给物理学界带来一场翻天覆地的巨变。

牛顿辛苦搭建的经典物理学大厦的上空,也将飘来两朵不明飞行物。这又是怎么一回事儿呢?

请看下篇:
《经典物理的两朵乌云》。

三、经典物理的两朵乌云

到这里,科学史也将进入高潮。我们先按个暂停键,来做个简单的总结。

话说前面出现了这么多科学家,如果按照他们的贡献来分类,无非就是这几类:

就好比各门各派的武林高手——

开宗立派的

编撰典籍的

钻研招式的

而要论谁最有资格问鼎武林,那就得是靠一己之力,统一了几大门派的绝世高手。

比如统一了天和地的牛顿。

又比如统一了电和磁的麦克斯韦。

如果要讨论物理学家的历史地位，牛顿和麦克斯韦都是武林盟主级的。

可谁都没想到，差了两百多岁的两位大佬，竟然跨越时空，来了一场巅峰对决。

天黑请闭眼……

欢迎来到——

物理学狼人杀！

一、1号发言陈述：麦克斯韦

韦仔，苏格兰人，在律师父亲的调教下，从小就对数学产生了浓厚的兴趣。

长大后被送到当地有名的少年班——爱丁堡公学。年少有为，十六岁就当上了大学生，学习成绩一直名列前茅，典型的别人家的学霸。

从前有棵树，叫高数……

旁边有座坟，叫微积分……

后来,他把目光聚焦在了电磁学,并用数学的方法,总结了一套规律,算出了电和磁之间的关系。

这就是令人闻风丧胆的——

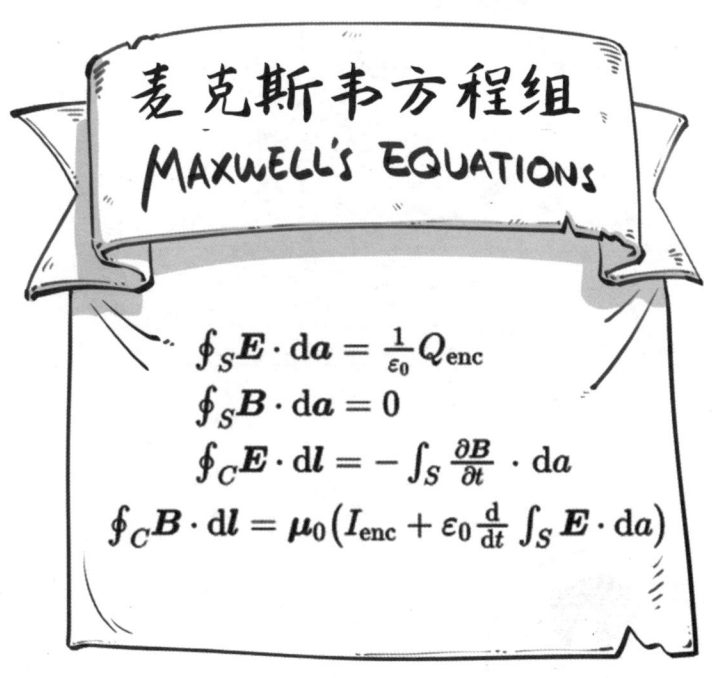

这个方程组被誉为最美的公式,它是如此清晰,好比那一汪清泉河;它是如此优美……好吧,我编不下去了。

稳住!别急!
如果混子哥告诉你,你也能搞懂这个方程组,你信不?

来，我们来听个故事。

话说，世界上有一种东西叫**电荷**。

甭管它在干啥，它的周围都有一种神秘的物质，叫——

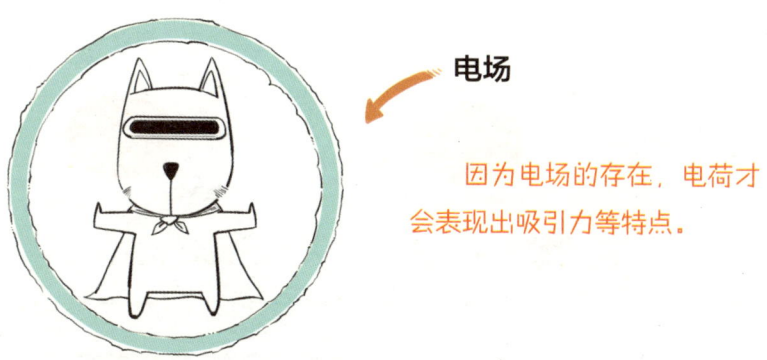

电场

因为电场的存在，电荷才会表现出吸引力等特点。

而电荷一旦跑起来，形成了电流，就会形成另一种神秘的物质——

如果我们让电流也变化起来……

神奇的连锁反应就发生了。根据电磁感应理论，

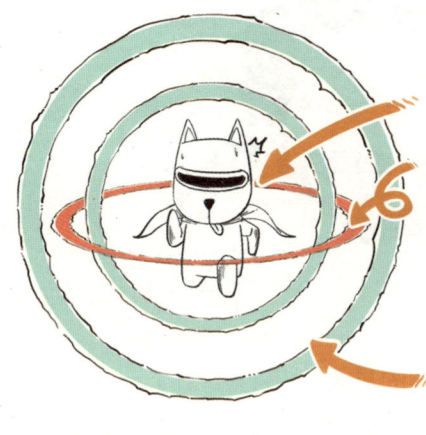

电流一旦发生变化，磁场也会跟着变！

变化的磁场，会继续生成新的电场！

而因为所有东西一直在变，

新的电场也会跟着变，

从而形成新的磁场。

恭喜你！一不小心就搞懂了麦克斯韦方程组的实际含义。

更天才的是，根据上面的推理，韦仔做出了一个大胆的预测：如果变化的磁场能生成新电场，变化的新电场又能生成新磁场，这么循环往复……

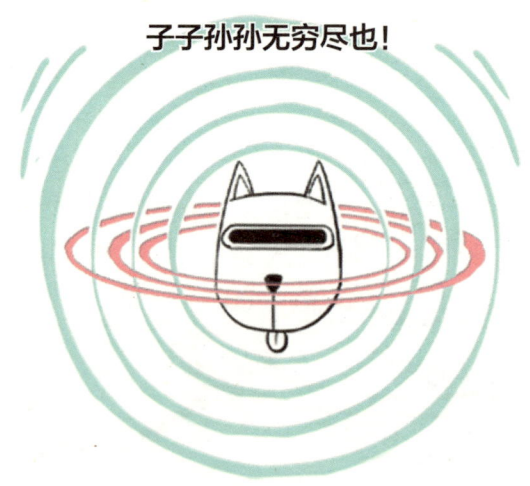

这就是传说中的**电磁波**。

就这样,麦克斯韦用数学推演做预测,抽到了电磁波这个盲盒。

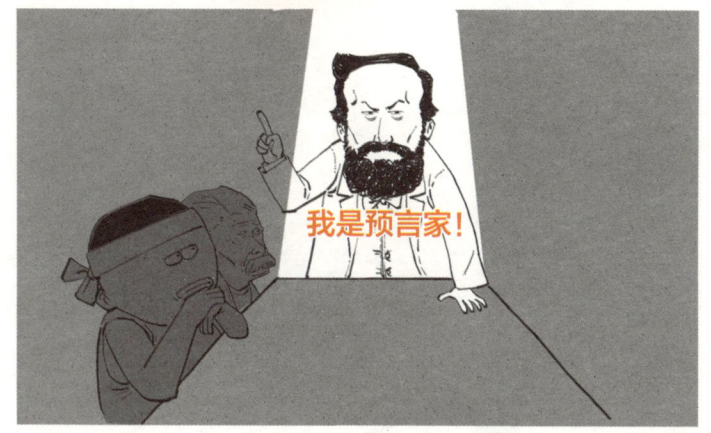

不过更神奇的还在后头,韦仔不仅预言了电磁波,还顺手计算出了它的速度。

他通过一种方法（说了你也不明白，就干脆不说），得出电磁波在真空中的速度，竟然是一个常量！

$$V_{电磁} = \frac{1}{\sqrt{\mu_0 \varepsilon_0}} \approx 3 \times 10^8 = 光速$$

单位 m/s

而且这个常量，和当时测出的光速是惊人地一致！

真相只有一个——

光就是一种电磁波！

这就是麦克斯韦的第二个预言。这条微博一出，立马上了热门话题榜。

各路物理学家，纷纷点赞转发。

可惜韦仔没活到预言被证实的那天。他死后没多久，一个德国小青年就通过实验，证实了电磁波的存在。

这个小青年就是赫兹。后来，为了纪念他的贡献，就把赫兹定为频率的单位。

大家发现，麦克斯韦太神了，吹的牛居然都成真了，所以对他留下的理论，大伙都深信不疑，并纷纷开始进一步研究。

可研究着研究着,就发现了不对劲,貌似韦仔的理论背后,还藏着一个异常可怕的预言。到底有多可怕呢?

二、2号发言陈述：牛顿

牛顿，三观不正，五官还行，不仅物理能力顶天，数学能力更是逆天。

从前有棵树，叫高数……

旁边有座坟，叫微积分……

当然关于微积分是谁发明的，牛顿和莱布尼茨吵了十来年也没有定论。现在的说法是，这哥儿俩都是微积分的发明者。

作为站在物理界鄙视链顶端的男人,在牛哥心中,其他物理学家排第四,自己呢?排在第三……

……第二,还有第一……

这就是传说中的牛顿第一定律、牛顿第二定律、牛顿第三定律。

总之,在他的世界观中,世界上除了自己绝对厉害,只有两个东西是绝对的:

时间 和 **空间**

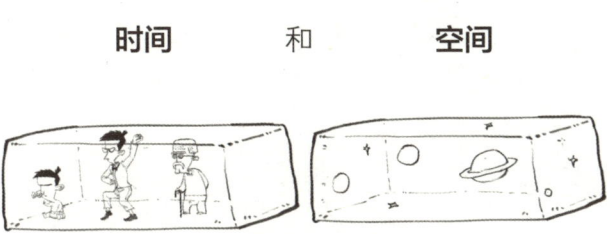

大致意思就是：时间的流速、空间的形状不会随着物质运动状态的改变而发生改变。

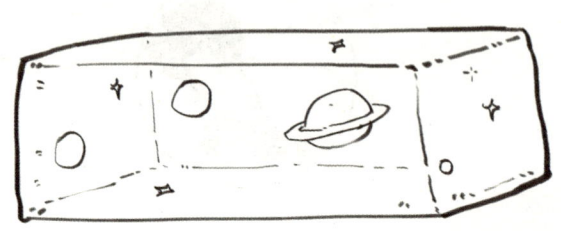

这就是牛顿的**绝对时空论**。

牛顿用三大定律和万有引力定律亲手搭建了经典物理学的大厦,称霸武林两百多年,大家都奉为真理,无人可以撼动。

而麦克斯韦方程组的出现,补充了牛顿理论原本缺失的部分。牛哥的理论和韦仔的理论共同构成了经典物理学的地基。

在经典物理学当中,辐射电磁波的能量是连续变化的,可无限分割,能取任意的值。

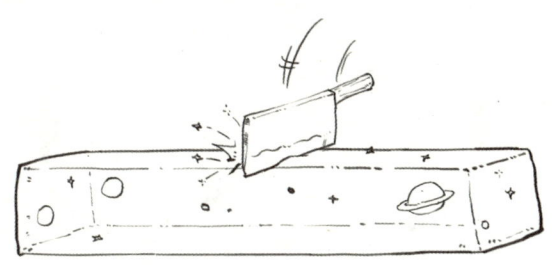

而牛哥和韦仔没想到的是，电磁波的发现，勾起了大伙儿的兴趣，针对电磁波的两个问题展开了研究，还得出了结论。

1. 电磁波传播的介质

2. 电磁波辐射的性质

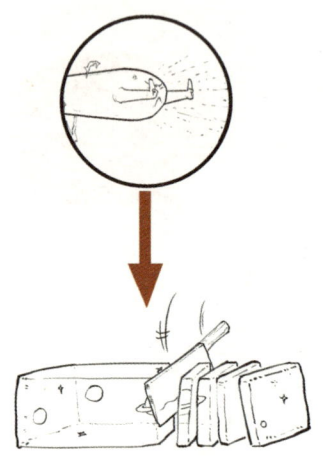
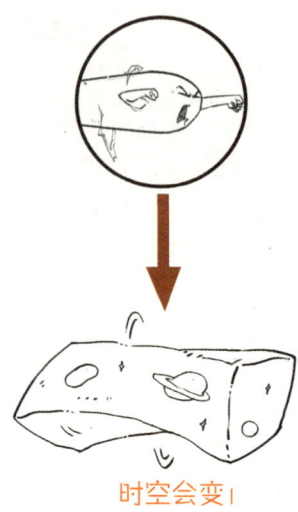

能量有最小的变化单位！

时空会变！

正是这两个研究结果，彻底推翻了牛哥的绝对时空和能量的连续变化假设。

这就好比，物理学的大楼上飘过来两朵乌云。

于是科学家们针对这两朵乌云，展开了各种研究，结果发展出两门很厉害的学问——

量子力学

相对论

后面我们就接着讲爱因斯坦与相对论。

天黑请闭眼……

女巫请睁眼。

你有一瓶毒药要用吗?

四、极简爱因斯坦传

书接上回。热心市民牛哥和韦仔发挥余热，建立起了经典物理学的大厦，从此称霸武林。

结果后来这座大楼上，飘来两朵乌云……

一朵发展出相对论，

一朵发展出量子力学。

接下来几篇，混子哥就跟你聊聊爱因斯坦和他的相对论，以及量子力学派的大咖们。

上一篇咱们留了个小悬念，那场狼人杀的结局，就是爱因斯坦使用女巫角色，跳出来用毒药踢牛顿出局。

这瓶毒药就是**相对论**。

简单地讲，就是牛顿说时间和空间是绝对的、不变的。爱因斯坦发了篇论文，说时空会变，是相对的。

这篇论文的内容就是相对论。除了这个，爱因斯坦还搞出了质能方程、光电效应、布朗运动啥的。是不是很厉害？

问题来了，这位厉害的"女巫"，你真的了解他吗？

没关系,混子哥了解啊,相对论原理先不急,本篇先带你走进——

爱因斯坦的传奇一生

假如才华能走量,纵观爱因斯坦的一生,才华的输出过程大概是下面这样。

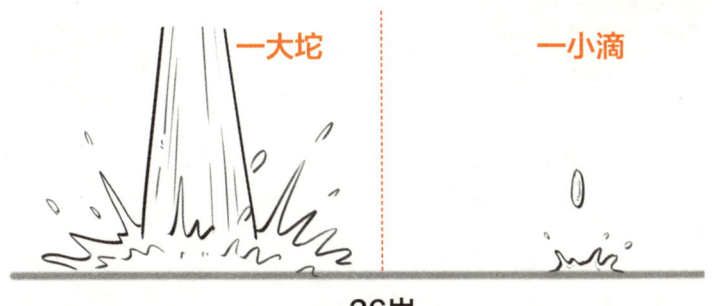

一大坨　　　　　　一小滴

26岁

26岁之前,高歌猛进,才高八斗,把自己送上科学史的巅峰。

26岁之后,才华仿佛一夜用尽,进入平淡无奇的磨洋工状态。

我们先来看看，26岁前爱因斯坦的快意人生。

一、高歌猛进，才华一大坨

爱因斯坦老家在德国，老爸做点小生意，所以小时候日子过得还算美滋滋。

但很快他爸妈有点慌了，因为爱因斯坦吃饭、睡觉、打豆豆样样精通，唯独不怎么会说话。怕不是个智障吧？于是他爸妈赶紧带他去看医生。

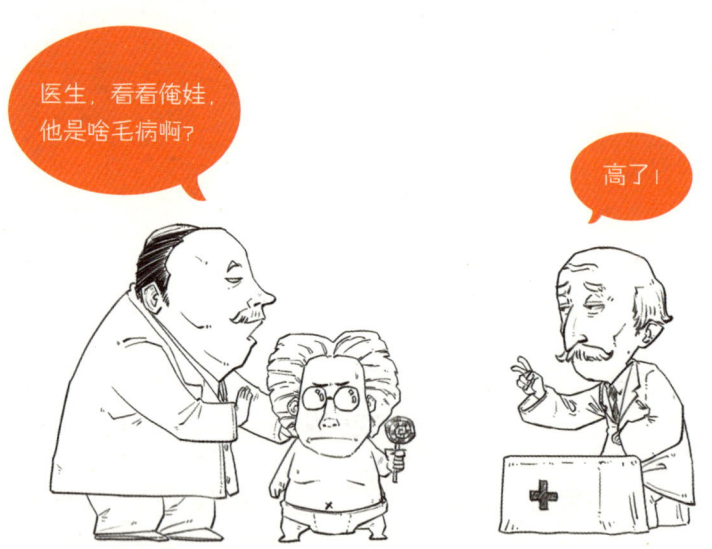

虽然不怎么会说话,但爱因斯坦从小智商一直在线,小学数理化就门门考5分。

这里混子哥给大家辟个谣:要知道,当时德国小学考试的满分是5分,所以爱因斯坦学习差的说法纯属造谣。

你以为人家就只能考个满分?

九岁时,我们还在地里玩儿泥巴,爱因斯坦已经上了初中;十六岁时,我们玩儿命解函数,而人家已经自学完了微积分……

正当爱因斯坦在知识的海洋里"兴风作浪"时,他发现人生快要成为一道填空题,没选择了。

当时德国规定,十七岁的男孩子必须参军。

对爱因斯坦来说,当兵是不可能的,说向左转就不能向右转,太没有自由了!

于是他把填空题变成选择题,跑去隔壁的瑞士留学。

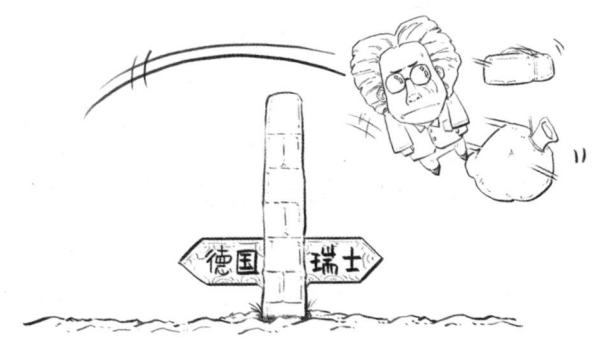

后来，他还考上了瑞士的一所顶尖大学。这所大学群英荟萃，高手如云。

在如此多的精英中，怎么才能出类拔萃、与众不同呢？为此爱因斯坦主要朝两个方向努力——

努力逃课 和 **努力恋爱**。

先说**逃课**。

在逃课这件事上，他可是一朵奇葩。一般人逃课，要么不爱学，要么学不会，破罐子破摔。但他不一样。

他逃课,是去泡图书馆。

就算身体不逃课,心依旧在逃课。

总之老师在不在,都一个样。

逃课就罢了,据说有一次,学校刚颁布一条新的纪律,爱因斯坦就反对,说学校应该让学生自由点,尤其是思想上要自由。

再说**恋爱**。

在爱情上,爱因斯坦同样出类拔萃。有多出色呢?他成功搞定了班花。

对了,他们班只有一个女生。

所以,整个大学期间,爱因斯坦逃课、违纪、搞对象,活脱脱一个追求自由、爱叛逆的追风少年。

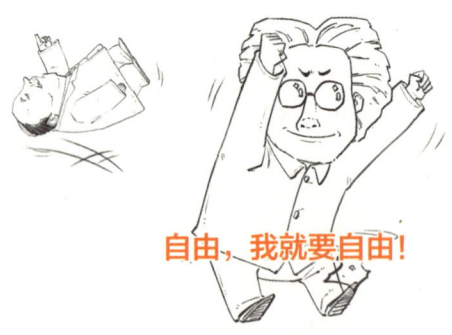

当然，一个人浪久了，难免会闪到腰，爱因斯坦也不例外。毕业即失业，眼见小李当了教授、小王继承了祖业，爱因斯坦却迟迟找不到工作。

最终在同学的帮助下，他获得了一份"搬砖"的工作：专利局的小员工。

这对爱因斯坦来说明显大材小用了。别急，人生好比股票，跌了才有机会入手。所以，接下来爱因斯坦**该忙着抄底了！**

专利局的工作太过小菜一碟，他有了大把时间和精力自由地做白日梦了。

比如，他想如果自己变身超级塞尔达，不，变身超级追光侠，去追一束光……

会发生什么呢？

就算下班坐公交车时,也要趁机做梦。

如果公交车开始以光速飙车,在车里看外面的事物,会是什么样?

爱因斯坦把自己的这种白日梦,叫作**思想实验**。

估计是白日梦做多了，到1905年，爱因斯坦突然脑袋开光，接连发表了好多篇论文。

那他都在研究什么呢？

关于**光电效应**的，
讲的是光和电子的事情。

就是**布朗运动**，
研究分子是咋运动的。

也就是著名的**狭义相对论**，
研究出时间和空间会变。

也就是**质能方程**，
研究质量和能量是咋转换的。

下面是这四篇论文的题目,有兴趣的同学可以找来看看。

光电效应:《关于光的产生和转化的一个试探性观点》
布朗运动:《热的分子运动论所要求的静液体中悬浮粒子的运动》
狭义相对论:《论动体的电动力学》
质能方程:《物体的惯性同它所含的能量有关吗》

这几篇论文有多厉害呢?

这么跟你说吧,现在看来,其中至少四篇能获得诺贝尔奖。

牛啊,诺奖这样的奢侈品,在你这儿都成团购了。

大家也要记住1905年,这一年被称为**爱因斯坦奇迹年**。还记得1666年吗?那一年叫牛顿奇迹年。

但是很抱歉,别说得诺贝尔奖,连锤子奖都没有。

行吧,就算没得诺奖,至少可以出个热门话题,然后一夜爆红……

可能红了一点点吧!

所以,这时候的爱因斯坦活成了一个炮仗,炮芯着了火,冒了烟,但就是……

没响

为什么会这样呢?首先,当时科学界不承认爱因斯坦这号人物。

因此,他的论文没有被大家重视。

其次,他的论文太超前,大家看不懂。

你以为超前就完事儿了？不！他可是爱因斯坦，叛逆才是他的主打歌，不只五官，连三观也给你毁掉。

至于怎么毁的，我们下篇再讲。

关键是，牛顿多牛，大家都知道。这时的小坦呛牛顿，就好比混子哥说周润发演技有毛病，你说有几个人能信？

但也不是没人理解,千里马遇伯乐,小·坦也遇到了理解自己的大神:**马克斯·普朗克**。

当时,普朗克是科学界的顶流,他很赞赏小·坦的光电效应论文,为此两人还专门见了一面。

至此,爱因斯坦的才华用掉大半,学术上嘛,达到了巅峰;名声上嘛,还是十八线科学家。

爱因斯坦要升级成为顶流科学家,还得继续输出才华。

二、最后一滴才华

在提出狭义相对论后,小坦突然变身处女座,觉得这套理论不够完美。

哪里不完美?

狭义相对论主要解释的是匀速运动和静止运动。

但是没办法解释变速运动。

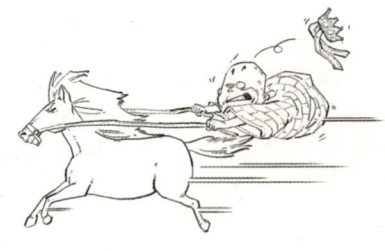

比如,它就不能解决下面这个问题:

小胖正在乘坐电梯,
忽然电梯绳被压断,
小胖就会和电梯一起下坠……

爱因斯坦问:电梯为什么不上天,而是入地?

**牛爷,抱歉哦,
我觉得你又错了!**

爱因斯坦认为物体下落,不是因为引力,而是空间被扭曲后压下去的……

好了好了,别琢磨了,知道你们不懂。没关系,我们会在下一篇详细讲到。

总之,1907年,爱因斯坦又在脑海中构建出了**广义相对论**。

科学家不是小说家,饭可以乱吃,话万万不能乱说。所以,他还得证明自己没说错!

小坦得拿出两样证据。

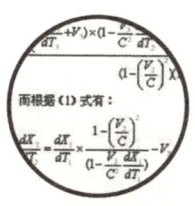

数学方程式

日全食照片

得用数学方程式论证出来。

得用日全食照片证明空间会被扭曲。

他开始死磕数学公式。怎么个死磕法呢?

死磕前

死磕后

死磕好几年后,才得到正确的论证方程式。至于日全食这事儿,爱因斯坦是业余的,还得靠天文学家帮忙。

但拍日全食可不是拍美食,没那么简单,需要天时、地利、人和,再加上当时战乱,所以直到几年后,大家才最终通过日全食照片得出结论——

广义相对论是对的!

最终精准拍到日全食照片，验证广义相对论准确性的，是英国天文学家**爱丁顿**。

整个科学界顿时炸锅，大家的世界崩塌了，三观毁掉了，爱因斯坦嘛，老厉害了！

于是他一夜爆红，变身超级科学家。有多超级呢？从古至今，伟大的科学家无数，但顶级的就那么几个。

他也成了其中一个。

人红"是非"多，爱因斯坦之前的论文也被扒了出来。好家伙，这么优秀！来不及了，赶紧给他发个奖压压惊吧！

1922年，爱因斯坦喜提诺贝尔奖。

温馨提示：爱因斯坦获奖的成就是**光电效应**，而不是相对论，因为相对论太过颠覆三观，当时还有争议。

相对论搞完了，诺贝尔奖也拿了，要么是累了，不想更秃了；要么就是江郎才尽……反正自此之后，爱因斯坦进入了平淡的钓鱼生涯。

如果你要问26岁之后的爱因斯坦还干了啥?基本上就几件事。

1. 辩论

我们之前说到,经典物理学上空出现两朵乌云,进而发展出两门新学问,一门是**相对论**,另一门是**量子力学**。

爱因斯坦艺高人胆大,在量子力学中也做了贡献,就是26岁时发表的那篇关于**光电效应**的文章。

后来科学家们顺着他的脑回路一通研究,但爱因斯坦发现,大家的研究结果越来越离谱,都脱离他的脑回路的轨迹了。

为了给自己的理论做辩护，爱因斯坦一边动脑，一边动嘴，跟其他科学家玩起了辩论赛。

关于爱因斯坦在量子力学中的贡献和故事，我们会在讲量子力学时详细讲到，所以这里就不多说了。

2.统一

指学术上的统一,这是每个科学家的终极梦想。

统一,就是把不同的理论联系起来,找出它们相同的本质,比如我们之前刚讲过,麦克斯韦统一了电和磁。

爱因斯坦在相对论中,把时间和空间统一了起来。但统一这事儿,跟诺奖一样,是越多越好,那再统一点啥好呢?

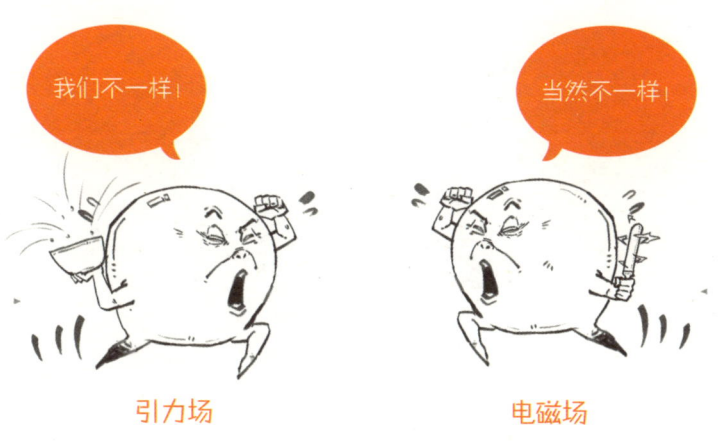

这就是爱因斯坦后半辈子一直在琢磨的事儿——

统一场论。

但很可惜，爱因斯坦发现：

所以直到爱因斯坦去世，都没能搞定……

3. 反战

1905年奇迹年后，爱因斯坦虽然没成为当红炸子鸡，但也小有名气了，后来德国挑起"一战"，因为心虚，想拉拢些名人来站台。

结果他一个反手，就在反对德国的文件上签了字。

因为反战，爱因斯坦还差点掉脑袋。

第二次世界大战知道吧？爱因斯坦继续反对德国，希特勒表示很生气。

把他做了！

于是高价悬赏爱因斯坦的人头。

爱因斯坦讨厌战争和官僚主义，一生都在为反战发声，所以我们可以叫他**反战圣斗士**！

4. 背叛爱情

大家还记得爱因斯坦大学的班花女友吗?

这段爱情修炼得很到位,他们结了婚、生了娃。

然而没多久,俗套言情剧就上演了。

他遇到多年不见的大表姐后,立马放飞自我,移情别恋……

所以你看，抛开爱因斯坦天才的一面，其实他也是个凡人，要吃喝拉撒，有喜怒哀乐，有七情六欲，拉屎也要调整坐姿压水花……

爱因斯坦的一生，潇洒自由爱叛逆，但他对两件事儿始终热爱：

这个天才小老头活了76岁，在1955年的时候，因为脑出血去世了。

爱因斯坦去世后，有个变态医生为了研究他为什么这么聪明，竟然把他的脑子偷了出来……

但对爱因斯坦来说，聪明的关键可能就只有一个：**让想象自由地飞翔！**

接下来，就让我们开始讲他最伟大的两项成就——

狭义相对论 VS 广义相对论

请看下篇！

五、容易到抠脚的相对论

$$E = mc^2$$

爱因斯坦的八卦，咱们扒得差不多了，先别急着崇拜偶像，他除了是个可爱的天才小老头儿，还给无数理科生带来两个噩梦：

一个是相对论，
另一个也是相对论……

如果你拥有幼儿园学历的话，你就会知道爱因斯坦小哥确实是两个"轮子"骑车：

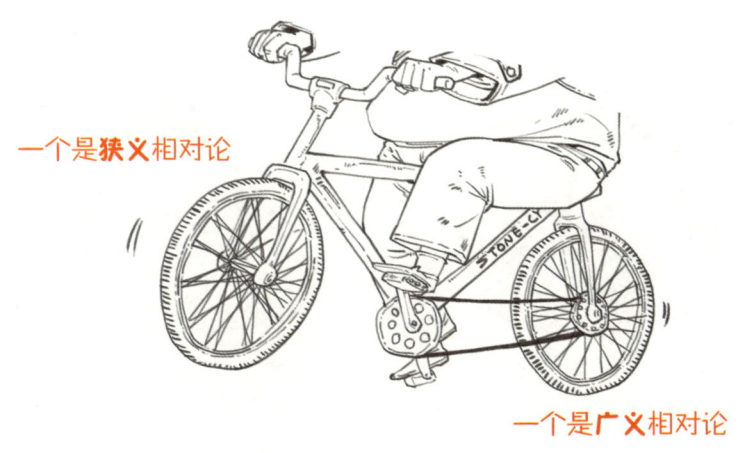

一个是**狭义**相对论

一个是**广义**相对论

不那么客观地说,"相对论"算世界上最难的三个字之一。怎么形容它的恐怖程度呢?你上一次被三个字吓到,可能还是你的学生时代——

如果非要给狭义和广义加上一个恐怖程度的区分,那分别是——

好了,废话少说,咱们直奔主题,啃一啃这个难题。

相对论到底是干啥的?

首先你得掌握一个大前提:知道相对论为什么难。

因为在相对论的世界里,你跟盲人没啥区别。

我们知道,物理学家这个物种,脑壳里有着丰富的想法,他们能想到你想不到的、看到你看不到的。比如在他们眼里,世界有三个尺度:

微观尺度

比原子还小,量子力学在这里。

人生活的尺度

咱们生活在这里,走的是牛顿的经典力学路线。

宇宙级尺度

这里速度接近光速,引力很大,哪儿哪儿都大,相对论在这里。

咱们只能感受到中间这个尺度,其他两个太小或太大,接触不到,所以很难被理解。

不过不用怕,跟着混子哥飞到科学最高处,非常通俗粗略地概括一下。

狭义相对论主要说的是:**你跑得越快,衰老得越慢。**

广义相对论主要聊的是:

引力不存在,其实是时空被某种东西扭曲了……

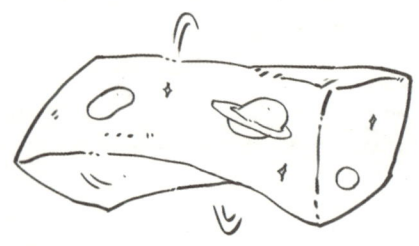

下面咱们展开讲讲。

一、狭义相对论

在爱因斯坦之前,大家都觉得时间和空间老公平了,对谁都一样,一天就是一天,一米就是一米,谁也不多,谁也不少。

这叫**绝对时间**和**绝对空间**。

牛顿的那些理论，就是建立在绝对时间和绝对空间的基础上。

结果爱因斯坦出来反驳了：

每个人都有自己的时间。

这句话怎么理解?

混子哥总结了一句不那么严谨但方便你理解的话：

光速在任何时候都是不变的。

严谨地说，应该是在任何惯性参考系下光速都是不变的，大概就是说在匀速直线运动和静止状态下，光速不变。

这是狭义相对论的基础前提。了解个大概就行。

如果你书读得少，我来告诉你这句话啥意思。假设**阿猫**在车上打开手电筒，

阿狗在车外面看着。

光从手电筒射到车厢上，阿猫看到的光速，和路边阿狗看到的光速是一模一样的！

但按照常理，阿狗看到的光速应该是这样的：

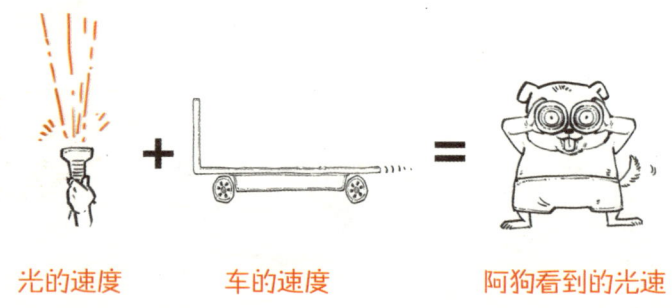

光的速度 + 车的速度 = 阿狗看到的光速

这叫**速度叠加原理**。

而且对他们来说,光走过的路明明不一样。

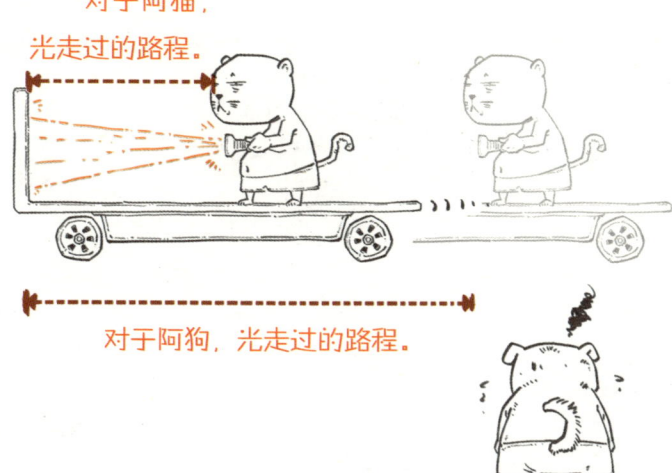

看起来,同一段时间观察同一束光,速度一样,位移应该一样,但实际却不一样!

问题出在哪里了呢?来,我们大家跟着阿猫阿狗一起蒙!没关系,当年爱因斯坦也蒙了,不过人家后来想明白了。

阿猫和阿狗经历的时间,其实是不一样的!

阿猫打开手电筒射车厢上,它做这件事花了1秒。

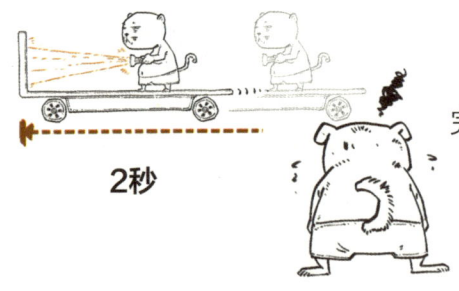

阿狗在旁边看着阿猫做完这件事,却花了2秒。

看明白了吧,很明显阿猫的人生变慢了,赚了啊!

但为啥我们平时感觉不到呢?

因为速度太慢。把阿猫的车换成复兴号高铁,阿猫和阿狗能感觉到的时间差,可能也只有十亿分之一秒。

平时生活中你感觉不出来,说明你很正常,只有车速接近光速,感觉才会明显。

你可以理解光速是用来计时的。你跑得越快,你相对别人的时间就越慢,这叫**时间膨胀**,也叫**钟慢效应**。

除了会有时间膨胀,还会出现**长度收缩**和**质量变大**的现象,这里混子哥就不多说了。

当然了,在日常生活里也是感觉不出来的。速度越接近光速,这些现象就越明显。

好了,恭喜你,已经搞懂了相对论……的核心内容。

虽然每个人都有自己的时间轴,但通常情况下,大家会像被梳子梳理过一样,比较整齐。

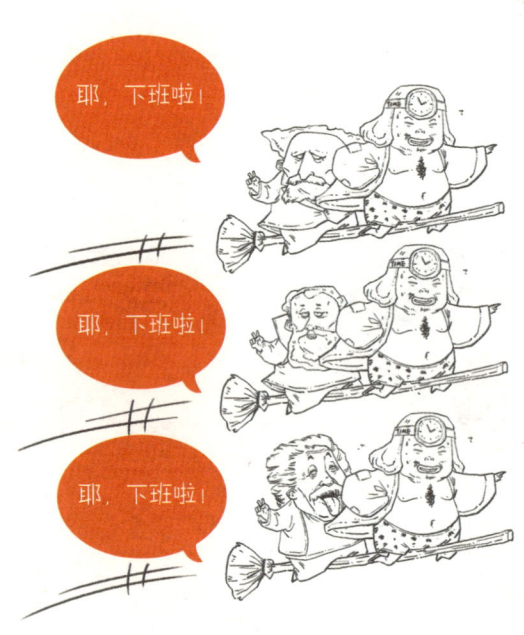

于是你下班的时候,我也要下班。

可尺度一大，就容易抓瞎，速度越接近光速，每个人的时空差异就越明显。有的相对快，有的相对慢。

这个情况就容易造成悲剧。

实际情况不至于这么夸张,需要取决于你我的位置和速度等状态,但大致就这么回事。

像爱因斯坦这种天才,人生格言就是"生命不息,想象不止",他就想了,运动会让时间和空间变化,那么**运动会让质量和能量变化吗?**

于是他提出了那个网红公式:**质能方程。**

$$E = mc^2$$

很熟对吧?知道这个很牛吧?表面上看也很简单,不超出小学乘法的课纲。

咱们先来看这个公式啥意思。爱因斯坦觉得，任何东西既有质量，也有能量，这俩是同时存在的属性，就像一个人，有身高，也有体重。

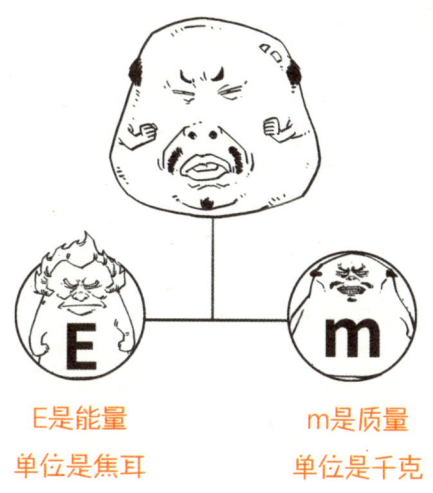

E是能量
单位是焦耳

m是质量
单位是千克

于是想知道一个人有多少能量，不用听他嘴上说什么，上个秤，得到他的体重，算一下就好。

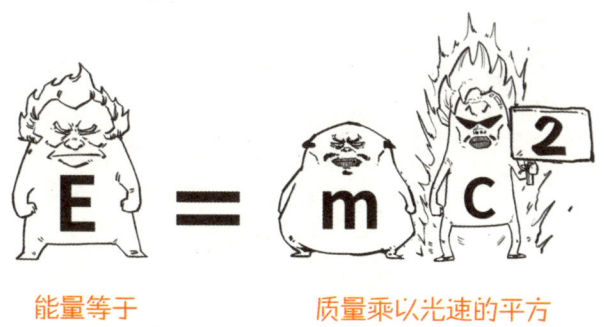

能量等于　　　　　质量乘以光速的平方

光速大家已经知道了,约等于300 000 000m/s,很好算吧.

你可能还好奇一个问题,这玩意儿不是用来造原子弹的吗?

其实不是,质能方程跟造原子弹没啥关系,它只是能算出原子弹的威力。

简单地讲,原子弹靠的是核裂变啥的,中间的过程很复杂。你只需要知道,原子弹一爆炸,就有部分质量消失了。

那消失的质量去哪儿了呢?

重点来啦,其实质量没有凭空消失,而是以能量形式释放出去了。

这里要注意,不能说质量变成了能量,它们不是转化关系。

质量与能量同时存在,是等价的,所以要说以能量形式释放了。

那能量有多大呢？

这时候咱们用上面的质能方程就能算出来，而且因为光速的值极大，就算一点点质量，也能释放巨大的能量。

所以原子弹的威力才能如此恐怖。

别再说我了，原子弹真不是我造的！

二、广义相对论

讲这个,咱们还得请出家住牛家村的牛顿。

据说有天他坐在村头苹果树下,被苹果砸了,于是他说,万物之间有种力,叫**万有引力**。

以咱们的地球为例,起初他是个无忧无虑的追风少年。

但是拗不过太阳的引力,就只有被牵着鼻子遛弯的份儿,这就是传说中的**公转**。

这个大家都学过,万有引力揭示了一个宇宙真理:吨位决定地位,谁减肥谁脑子进水。

身材好有啥用,还不是整天被胖子遛着玩!

可是爱因斯坦又跑出来唱反调。

根本就没有什么引力！

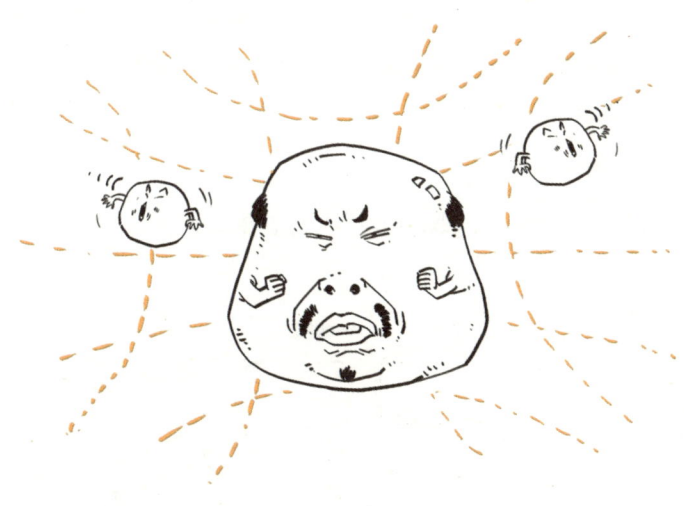

是胖子太胖，扭曲了时空，瘦子自己站不住，溜过来的！

爱大爷的解释是这样的：世上根本没有引力，**引力的本质是质量扭曲了时空。**

啥意思呢？

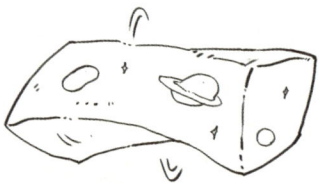

以前大家以为时空就是空空如也，啥东西都没有；

原来时空也是个东西，而且还可以被扭曲！

至于扭曲程度，取决于物体的质量。这事儿就好比玩蹦蹦床。

时空就像蹦床上的网，一旦时空被扭曲了，就会影响周围的东西。

扔一个橙子，橙子就会绕着熊孩子转，同理，地球也这么绕着太阳转。

这就是爱因斯坦广义相对论大概的核心内容。

嘿嘿。

奇妙不？咱们常识以为，地球绕太阳公转，是因为引力。

但用广义相对论解释就是：**太阳太胖，压弯了时空，地球是自己溜过去的！**

这话听了，搁谁谁不蒙啊！大家纷纷要证据。证据是啥呢？

上一篇咱们也提了，日全食的照片可以证明。混子哥也给你简单讲讲。故事是这样的：当日食的时候，所有人都在看太阳，科学家们却盯着其他地方。

日食发生时，天空一片黑，白天的时候也能看到星星。

如果太阳周围的时空被扭曲了,那么星星的光线经过时就会拐弯……

在地球上看就是星星的位置改变了。

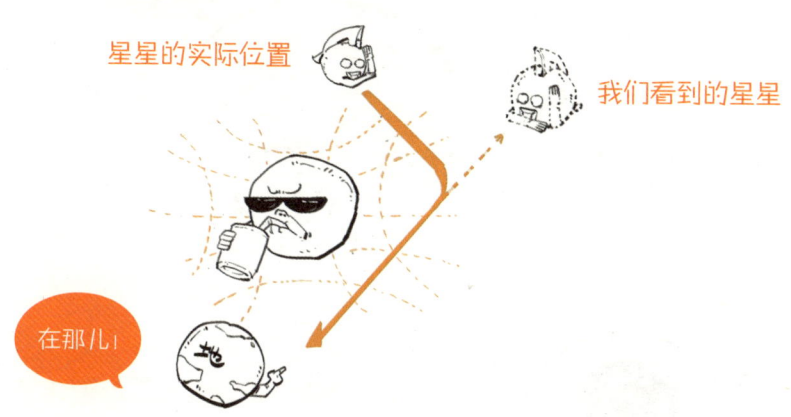

等到半年以后,地球绕到太阳的背面,就会发现星星的实际位置。

这时候有人就不服气了,这事儿万有引力也能解释啊!不就是光线被勾引着拐了个弯吗?

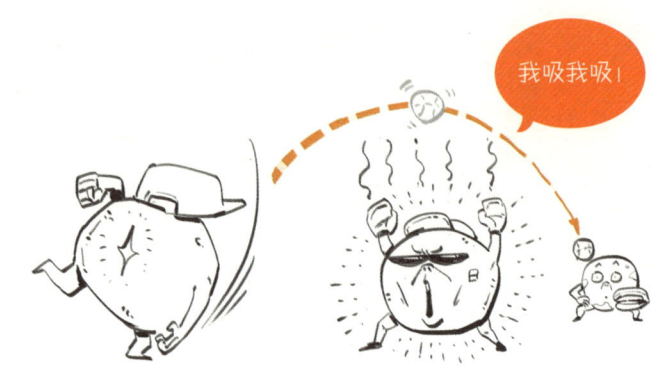

真别不服,后来爱因斯坦设计了一通非常复杂的计算,结合其他天文学家的观测,证明了广义相对论。

爱因斯坦厉害就厉害在这儿,他凭着一脑之力,愣是想出了一个复杂的宇宙,最后还能被科学证明不是乱说!

好了,爱因斯坦的相对论就简单讲到这里,具体原理其实很复杂,还涉及很多数学计算,混子哥也不给你多讲了。

最后照例做个很学术的总结吧,让你出门跟别人聊也能显得专业。爱因斯坦的成就主要体现在统一这件事上:

相对论统一了时间和空间、质量和能量。

用爱因斯坦的一句名言结个尾吧:想象力比知识更重要,因为知识是有限的,而想象力是无限的,它包含了一切,推动着进步,是知识进化的源泉。

六、量子力学前传

到了19世纪末,科学家普遍认为,物理学的大厦已经基本完工,咱们称它为**经典物理**。

虽然这套理论看上去无懈可击,可在它的上空,还飘着两朵没法解释的乌云。

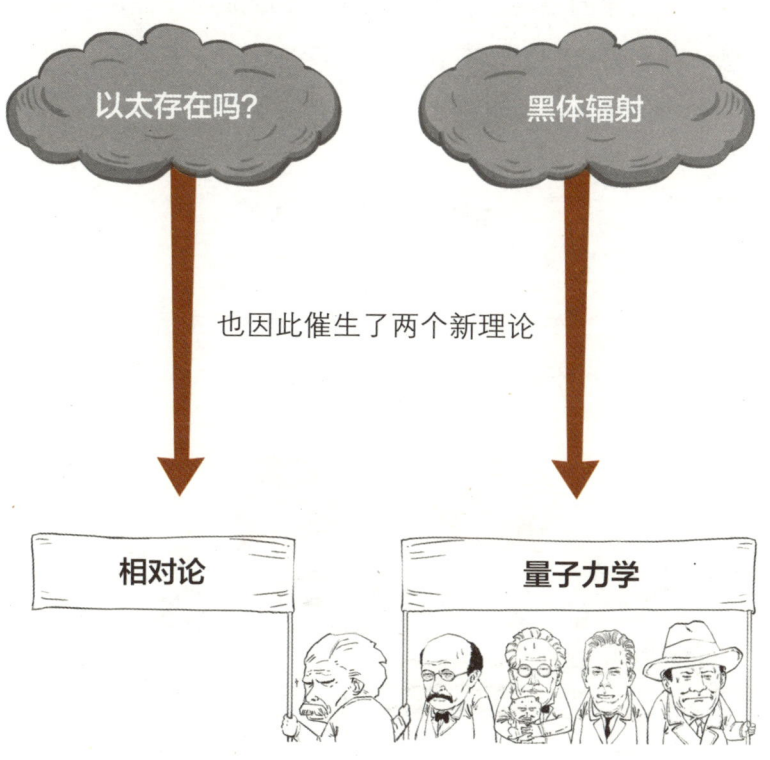

如果说经典物理是名门正派,那么相对论和量子力学,在当时更像是旁门左道。

前两章咱们已经被相对论虐完了脑细胞，接下来的两章，咱们来聊一聊另一个"魔教"——**量子力学**。

量子力学的出现，和许多江湖门派的成立一样，看似悄无声息，实则刀光剑影，充满了混战和统一。

纷争的源头，要追溯到一个古老的问题——

光的本质是什么？

几百年来，关于这个问题的答案，有两个主流的看法，因此产生了两个水火不容的门派——

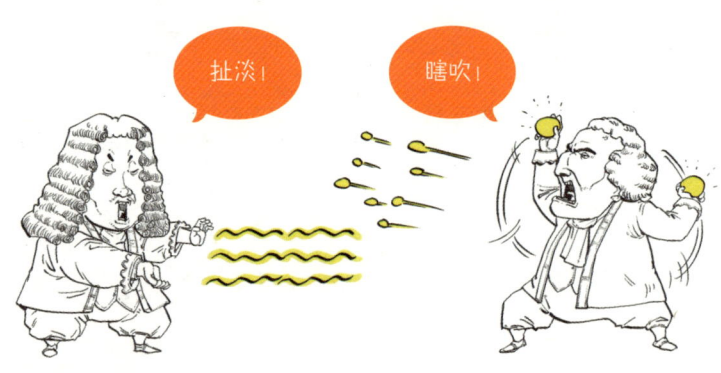

波动派

认为光的本质很风骚，是一种波。

微粒派

觉得光和好多东西一样，很耿直，是一种微粒。

两个门派的战斗过程跌宕起伏,有碾压、有逆袭、有反转。

简单说起来可以分为三个阶段。

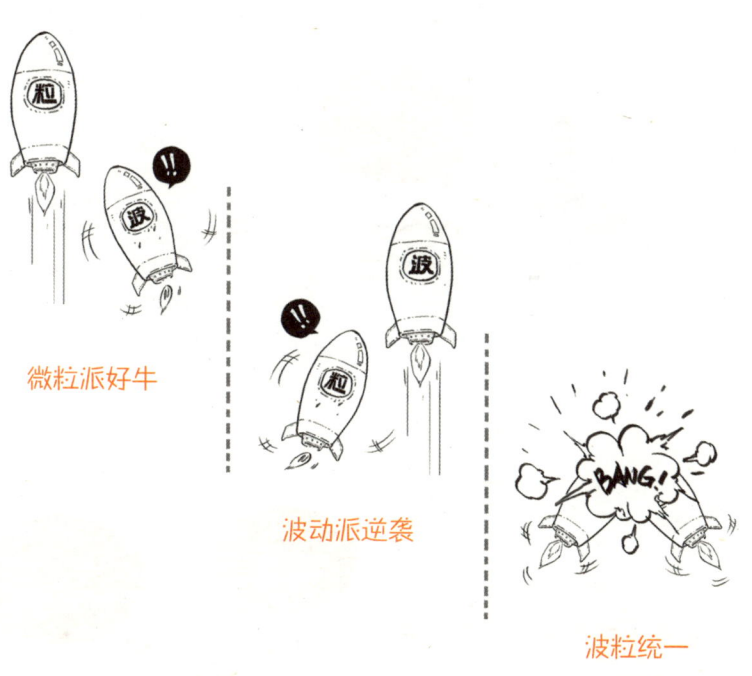

第一阶段：微粒派好牛

波动派和微粒派互相抬杠好多年，一开始谁都没说服谁，直到一对死对头的出现，才暂时分出了个高低。

他们就是结下了万年梁子的：

波动派的**胡克**　　VS　　微粒派的**牛顿**

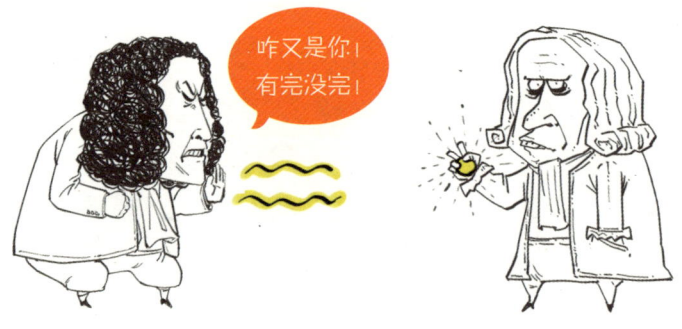

如果说胡克站队，是出于纯粹地科学推测；

那么牛顿的站队，则出于纯粹地恶心胡克。

这本是一场势均力敌的对抗，可是后来牛顿站到物理江湖的顶点，成为一方霸主。

他背后的微粒派也跟着沾了光，波动派也就此被按在地上摩擦了一百年。

据说，牛顿甚至特意在胡克去世后写了本畅销书，来宣传自己的光学研究成果。

此时的波动派群龙无首,一个能打的都没有,这就导致他们毫无还手之力。

那微粒说真的无法撼动吗?

第二阶段:波动派逆袭

风水轮流转,一百多年后,波动派出现了一名英国的眼科医生,单枪匹马挑战权威。

这个人就是**托马斯·杨**。

话说杨少侠,也是个天才,两岁读书,四岁背诗,六岁刷完两遍《圣经》,十四岁精通多国语言。

原以为一代文豪就此诞生,可谁知杨少侠路子跑偏了,任性地选择转专业,开始研究起**光学**。

然后他随随便便做了个实验,一不小心就青史留名。这就是著名的**杨氏双缝干涉实验**。

实验其实很简单,只需要:

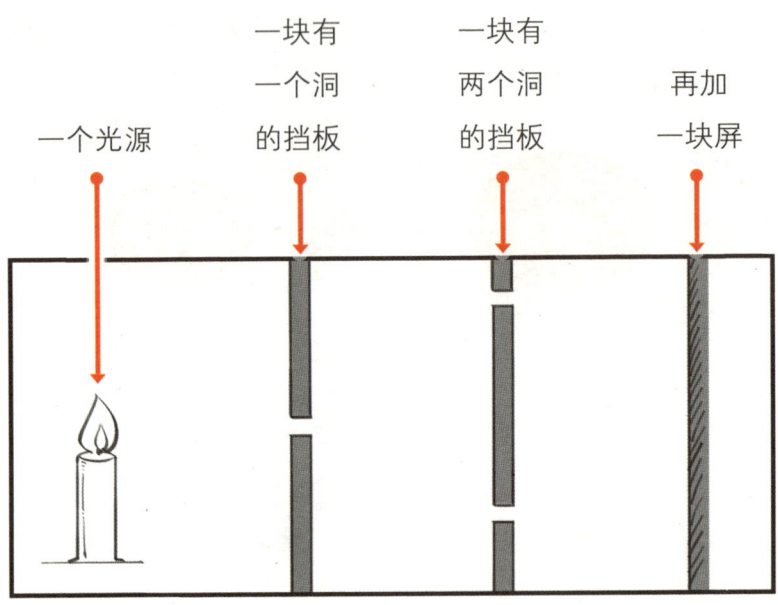

如果牛顿说得对,光真的是**粒子**,就算它笔直地通过了第一扇门……

也会因为自个儿太耿直,而撞上第二堵墙。

所以**理论**上来说,最后的屏幕上应该是一片漆黑。

可**实际**上呢?

最终在屏幕上出现的,却是明暗相间的**条纹**。

这就说明，光根本不是粒子，**而是一种波！**

光波通过小孔后，会发生**衍射**，接着继续传播下去。

通过双缝的两个波，会在这里相遇。

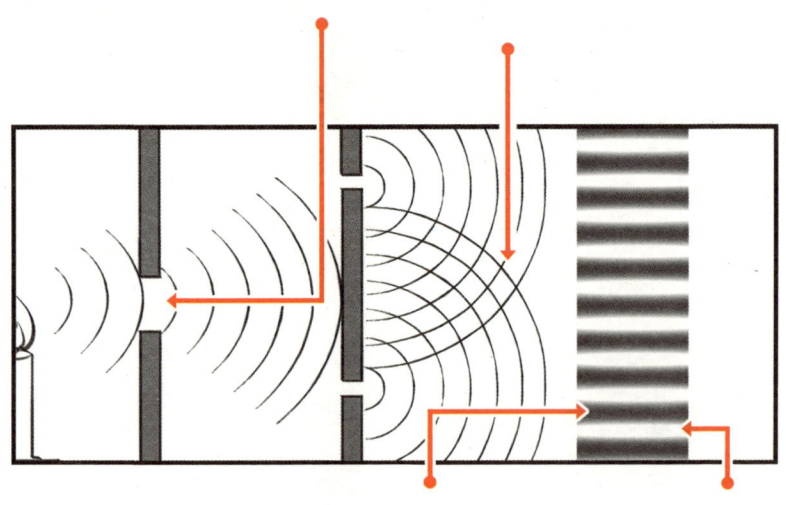

波峰和波谷叠加，形成暗纹。

波峰和波峰叠加，形成亮纹。

小杨小眼一眯，不得了！这不正是支持波动派的证据吗？

得来全不费工夫！

果然,实验结果一出,铁证如山,打得微粒派猝不及防,波动派就此崛起。

中神通　　南弟
麦克斯韦　赫兹

后来大家都知道,**麦克斯韦**预言了光是一种电磁波,**赫兹**又用实验证明了这事儿,微粒派这下算是心服口服了。

是不是看上去,光是一种波这件事,已经板上钉钉、毋庸置疑了?

第三阶段：波粒统一

关于光的本质之争，并没有就此完结，**托马斯·杨**肯定想不到，又过了百来年，自己这个杨少侠的名头快要顶不起了。针对波动说，有几个大爷，站出来表示不服。

这下，不仅解释了光的本质，还搞出了一个令物理学界震三震的新学说——**量子论**。

具体怎么一回事呢？咱们把镜头往前推一推。

话说当年，**赫兹**除了验证了电磁波，还瞄到了一个神奇的现象。

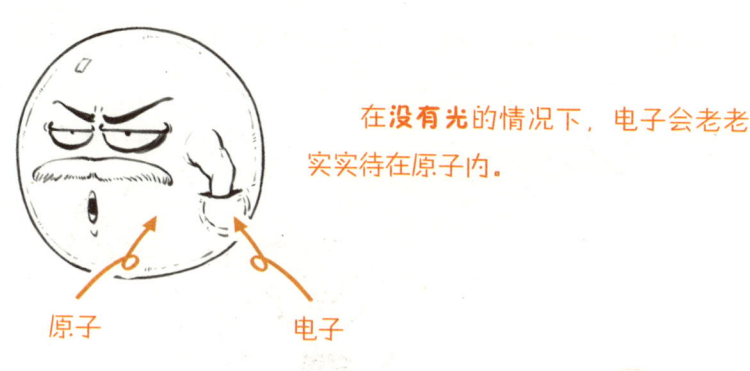

在**没有光**的情况下，电子会老老实实待在原子内。

原子　电子

可一旦**有了光**，电子就会离家出走。

这种见光跑的现象，就是**光电效应**。

补充一点，准确来说，赫兹做实验的时候，还没有发现电子。他只是看到金属板被光照了以后，会带正电。

这个现象迅速霸占了头条,科学家们扎堆来凑热闹,但是大家很快发现,**经典物理**在这里根本说不通!

根据经典物理理论:

如果光是一种**波**,高能的光照在原子上,电子就会跑得飞快!

如果是低能的光,那也没关系!

波的特点，是**能量连续不断**。

光波会对电子产生持续性的刺激，能量可以累积，所以只要熬得久，电子就能攒够能量跑路。

可理论归理论，实验结果却不是这样！

从实验结果来看，甭管低能的光照多久，电子就像个钉子户，不跑就是不跑！

这该如何解释呢?

爱蹭热点的爱因斯坦陷入了沉思。

正当他百思不得其解,突然大眼睛一瞟,瞟到了一个靓仔:

量子祖师爷·马克斯·普朗克

普朗克,德国人,会弹、会唱、会作曲,平平无奇的大帅哥。

原本靠颜值就能当个人生赢家，走向人生巅峰，可普帅很任性，偏要靠才华，死磕物理学。

在他刚准备闯荡物理江湖的时候，有一名物理老师曾劝他：

开个玩笑，其实是当时的物理学家们认为，物理界差不多被研究秃了，仅剩的几根毛也是可有可无。

可普朗克偏偏不信这个邪。

别看普帅的颜值一路跌停,人家的学术成就却是高歌猛进。

而他研究的课题,就是两朵乌云之一的——

具体啥是黑体辐射,解释起来太过复杂,混子哥就不在这里展开了,有兴趣的可以自行了解。

但咱们要记住的，是普朗克为了解释这个问题，所得出的一个冲击三观的结论。

话说在经典物理的世界观里，大家觉得能量是可以无限分割的。

可为了解释黑体辐射，普朗克做了个大胆的假设：

能量是不能无限分割的，切到最小要卡壳！

这个不可再分的最小单位，普朗克叫它**能量子**，也就是**量子**的雏形。

用这个假设，就可以完美解释黑体辐射问题。

可那个年代还是经典物理的天下，普帅的理论，无疑被看作歪门邪道，他本人都不咋信。

甚至之后的许多年，他都在努力打自己的脸，试图推翻自个儿。

自己挖的坑，跪着也要填完。

但他万万没想到,自己顺口一提的玩意儿,居然还挺好使,一不留神给小爱提供了**光电效应**的解题思路。

咱们前面提过,光电效应中遗留了一个问题:

为什么有些光波射得够久,能量累积得够多,也打不出电子呢?

看到了普帅的能量子假设,小爱灵光一闪:真相只有一个!

光可能不是波,而是一种粒子!

哈意思呢?

打个比方,如果光是一种**波**,那它会对电子施加**连续不断**的能量,能量不断累积,电子就会移动。

可如果光是一种**粒子**，那它产生的能量就不是连续的，而是**一份一份**的！

要是光的能量不够强劲，那电子死都不会走。

而只要光的能量足够强，那就会让电子跑路！

爱因斯坦把这种一份份的光，叫作**光量子**，简称**光子**。

爱因斯坦的这个假设完美地解释了光电效应的问题。

不久后，美国科学家**密立根**，完成了验证光电效应的实验，和爱因斯坦的理论完全吻合。

爱因斯坦也因此获得了1921年的诺贝尔物理学奖。

爱酱也因为将量子理论发扬光大，被咱们称为——

量子宗师·爱因斯坦

言归正传。按照小爱的理论，光又从连续的波，变成了不连续的粒子，这岂不是证明牛顿还是对的吗？

既然**杨氏双缝干涉实验**验证了光的确有**波动性**，而**光电效应实验**也验证了光的确有**粒子性**。

爱因斯坦提出光电效应的光量子解释，使得当时的科学家逐渐意识到光同时具有波和粒子的双重性质。

这就是传说中的：

波粒二象性。

欲知后事如何，咱们下一章再见。

七、量子力学正传

上回讲到光既是一种微粒,又是一种波,它具备**波粒二象性**。

这就好比形容一个人,既是男的,又是女的。

更可怕的是,这个结论不是瞎想,而是经过科学家的精密实验,亲测有效的。

杨氏双缝干涉实验

证明了光的**波动性**。

光电效应实验

证明了光的**粒子性**。

既然**光**有波粒二象性，有一名科学家就在这个基础上进一步推测，提出了一个更大胆的猜想。

这个人就是法国贵族**德布罗意**。

话说德亲王的脑瓜子离谱到啥程度呢？在他看来，波粒二象性并不是光的独门秘籍。

像原子啊、电子啊，甚至世间万物，都有波粒二象性！

也就是说，你以为的实物粒子，其实都有波动性。这种波被称为**物质波**，也叫**德布罗意波**。

虽然德亲王最初只是不负责任地瞎猜，但谁知后来科学家们竟然真用实验证实了，许多微观粒子都具有波的性质。

这也坐实了德布罗意的猜想。

所有微观粒子，都具备波粒二象性！

于是，后来的科学家们针对**微观粒子的运动状态**进行了研究。

这就衍生出了一个全新的学说，这个学说就是传说中的——

量子力学

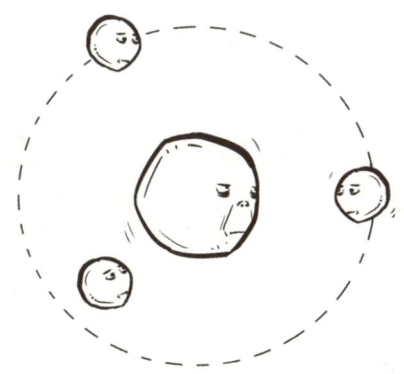

故事讲到这里，咱们来回顾一下量子力学的建立过程。

最早，**普朗克**提出了量子假说，认为能量是不连续的。

爱因斯坦把量子假说用到了光电效应中，并提出了光子的假说，认为光具有波粒二象性。

后来有个叫**玻尔**的大神，把光的研究和电子联系到了一起。具体情况，咱们稍后说。

以上三人的理论，咱们现在统称为：**旧量子论**

最后**德布罗意**认为，除了光，其他微观粒子也有波粒二象性。

量子力学

量子论建立之后,一时成为热门学科,许多人蹭上了热度,开始了量子力学的研究。

其中有个特别厉害的学派,叫作**哥本哈根学派**。

好了,言归正传。量子论要研究微观粒子的运动状态,那就得选个研究对象。

可这次科学家们不研究光了,而是把目光投向了一个新对象——**电子**。

针对电子的运动,哥本哈根学派里的两位大神,先后提出了令人怀疑人生的两大观点。

咱们一个个来说。

1. 不确定性原理

话说很久以前,有个叫**卢瑟福**的大爷,他曾经给**原子**画过画像。

在他看来,世间万物都是共通的,比如原子核和电子的关系,应该跟太阳和地球的关系差不多。

这就是卢瑟福提出的"原子的**太阳系模型**",电子绕着原子核转。

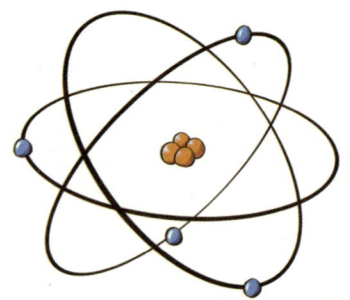

后来,他的徒弟在这个模型的基础上,做了点补充。

这个徒弟就是哥本哈根学派的带头大哥——**玻尔**。

没错,就是前面提过的那个。

在玻尔看来，世间万物也是共通的，比如原子，其实就跟北京的环路差不多。

原子核外有固定的轨道，电子会在不同的轨道里绕着原子核跑圈。

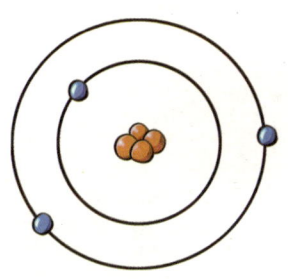

那电子的运动，真是这样的吗？

No!

楼上说得都不对！

后来，科学家们通过实验发现，玻尔的原子模型也不太靠谱。

于是有一名科学家站了出来。

他认为,轨道这玩意儿看不见摸不着,会不会是玻尔空想出来的,其实压根不存在?

这就是哥本哈根学派的**海森堡**。

他提出了矩阵力学,奠定了他"量子力学之父"的地位。

那在海爸爸眼里,电子是怎么运动的呢?

话说,当时有一些科学家通过实验分别观测到了电子的位置和速度。基于这些数据,海森堡总结了一套理论。

他觉得,电子这个玩意儿,跑位非常风骚,到什么程度呢?

它就像一个社恐的忍者。

电子并没有老老实实按照轨道绕原子核跑圈,而是极度自嗨,在原子核外面**随机**蹦跶。你根本摸不清它的套路。

更神奇的是,当我们想知道它的确切位置好观测它的时候,它就突然消停下来,一脸蒙。

所以,我们永远无法**同时**知道不观测时电子的位置和动量……这就是**不确定性原理**。

虽然很难理解，但科学家们已经通过实验验证了不确定性原理是靠谱的。

其中最著名的，就是参照杨氏双缝干涉实验设计的**电子双缝干涉实验**。

我们朝一块有两条缝的挡板射出电子。

因为电子有**波动**性，所以它会发生衍射，并最终在屏上呈现明暗相间的条纹。

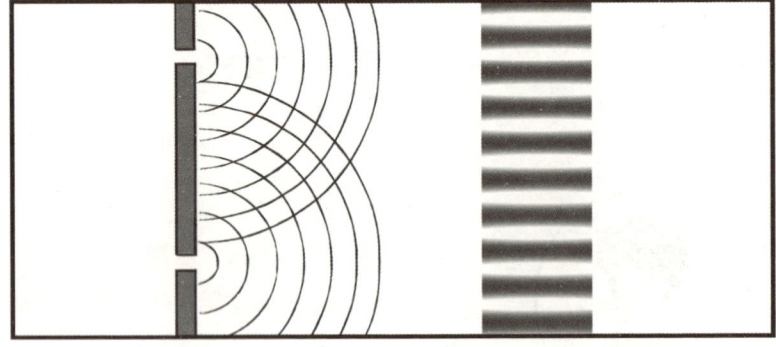

可一旦我们想**观测**电子是怎么穿过这两个孔的时候,实验结果居然发生了变化!

这时它就不像波一样传播了,
而是像**粒子**一样穿过。

屏上只有两条亮纹。

是不是很神奇!

同时,电子双缝干涉实验也进一步验证了微观粒子的**波粒二象性**。也就是说,微观粒子的状态既有波动性,也有粒子性。

既然电子的运动这么神奇,那它真的是那么随心所欲吗?

2. 概率解释

话说和海森堡同时期,还有一名科学家,从另外一个角度也得出了上面类似的结论。

他就是浪量子力学的奠基人之一——**薛定谔**。

此人性别男,爱好女,物理界里独一档的渣男,人送外号:渣渣薛。具体多渣就不让播了。

> 混子,你瞎说啥呢!

> 你让人家在禽兽……额,情圣界怎么混!

渣渣薛提出的理论叫**波函数**,我们就不展开讲了。为啥不展开呢?因为连他本人都是一头雾水,说不出个所以然来。

好在哥本哈根学派的另一位大牛——玻恩,站出来替他解了围。

> 闪开!我来说!

玻恩是这么解释波函数的：其实电子的位置吧，它就是一团**概率**，随机起来不是人。

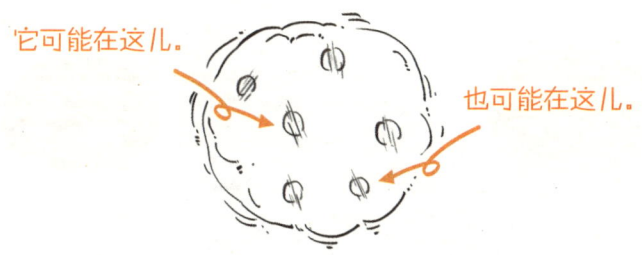

不过，虽然我们没法确定它的走位，但电子在每个位置出现的概率，却是可以计算出来的。

这就是玻恩提出的**概率解释**。

综上所述，**不确定性原理**和**概率解释**，共同构成了量子力学的核心——**哥本哈根学派解释**的主要内容。

虽然这个解释完美地解决了很多问题，可大家的三观着实被碾得稀碎。

所以质疑也随之而来，很多人表示，**说微观粒子的运动是随机的，这事儿也太扯淡了！**

于是,支持方和反对方,就借几次团建,来了几场争斗。我们挑几次重点的来看。

一、第五届索尔维会议

首先出场的是,由**玻尔**领头的**哥本哈根学派**。

泡利　　海森堡　　玻尔　　玻恩　　狄拉克

另一方在**爱因斯坦**带领下,质疑哥本哈根学派的研究,我们叫他们**斩草除根派**。

还有一拨围观群众,也个个大牌。

好了,对话开始。

双方就微观粒子的运动到底是否随机这个问题,进行了激烈的讨论。

反正扯了半天也没啥结果,谁也说服不了谁。

插一嘴。大家一顿争吵之后，没有结论，觉得反正闲着也是闲着，加上难得聚一回，于是就一起排排坐，来了一张合影。

没错，就是这张著名的照片。

后来，爱神和玻神又吵了好几架，依然没啥结果。当然，不仅带头大哥们使劲掐，小弟们也没闲着。

二、薛定谔虐的猫

作为爱因斯坦的小弟,薛定谔也站出来,怒喷哥本哈根学派。他提出了一个丧心病狂的思想实验——

薛定谔的猫

简单解释一下。

首先,找到一堆原子,这些原子有一定概率会发生衰变。相当于处于既衰变又不衰变的叠加态。

如果没衰变,啥事没有。

可一旦它们发生衰变,就会触发锤子,敲碎毒药瓶,释放毒气,把猫毒死。

所以薛定谔认为，根据哥本哈根学派的解释，如果原子是叠加态，那猫也应该处于——

既死又活的叠加态。

对地球人来说，一只猫既死又活，根本无法理解。所以薛定谔认为哥本哈根学派非常荒谬，就是在瞎扯淡。

当然，后来人们发现，这个实验并不严谨，有很多问题，所以没法参考。

聊了这么多，其实关于量子力学的争论，直到今天都没有结束。

但是依照后来的一些实验来看,哥本哈根学派的理论,目前更加站得住脚。

和相对论相比,量子力学的发展,在这一百年内,让人类文明发生了翻天覆地的变化。

比如芯片、核磁共振、超导、激光等技术,都是在量子力学的基础上发展起来的。

不过,科学也是一把双刃剑,人类利用量子力学也造出了一些奇怪的东西,比如:

好了,量子力学的故事就先聊到这里,而我们科学史的正片部分,也在这里告一段落了。

最后,我们用一张图,总结一下整个科学史的发展结构。

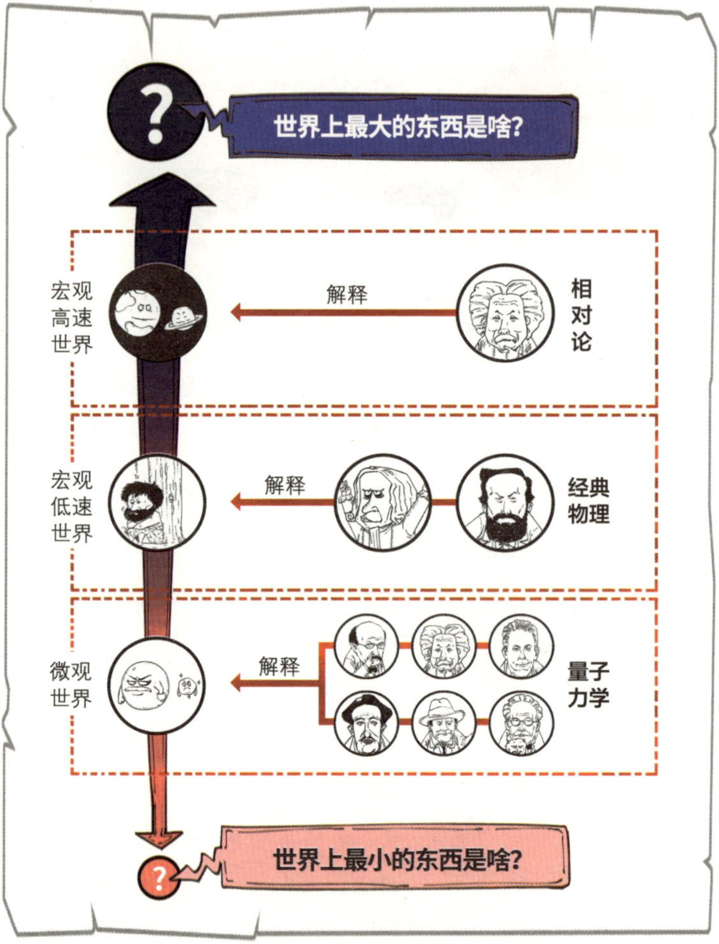

世界上最大的东西是啥?

宏观高速世界	← 解释	相对论
宏观低速世界	← 解释	经典物理
微观世界	← 解释	量子力学

世界上最小的东西是啥?

至于后面的故事,混子哥下次再跟大家聊。

番外一、基因的发现，
就像一出捉妖记！

我们之前在《半小时漫画科学史2》中讲过，达尔文搞的进化论，惊呆了整个学术圈。

然而，达尔文绞尽毕生脑汁也没搞清楚，从生物本身来看，他们是咋进化的？

其实这个问题可以看作——为啥有的孩子像父母，有的却不像？

这事跟孩儿他爸好解释：你基因不行。可孩子问你基因是个啥，你咋解释？这就要从基因史说起。

基因的发现，就像一出捉妖记！

Part 1：发现妖的存在

达尔文的进化论刚上市，就吸引了一批粉丝，其中就有**孟德尔**——一名爱科学的神父，简称孟神。

孟神出生在奥匈帝国,因为家里穷,大学只能辍学,所以去教会当了个神父。

但当神父吱吱哇哇,不是一个安静美男子该有的样子,于是他又去教会开的学校教书,后来在教会的推荐下,他去了维也纳大学深造。

学到了知识,孟神想考个教师编制,结果愣没考上,所以他还是个神父。

不过多亏在大学期间攒的经验,加上从小爱花花草草,孟神研究起了植物。研究哪方面呢?

他扛起铁铲种豌豆,是为了研究豌豆生娃。可豌豆这玩意儿比较奇葩,是雌雄同体。

造娃都不用求人,自己就能搞定,这叫**自交**。所以在自然状态下,豌豆一般都是纯种。

一开始孟神只是想单纯地改良豌豆品种,于是他找来不同的豌豆,让它们一起生娃,这叫**杂交**。

那时候,大家都相信**混合遗传**学说,这个学说简单粗暴:父母一中和,就是孩子。

比如:

可孟神发现,混合遗传明显不靠谱啊!有些豌豆的个头完全随妈妈,压根没爸爸什么事。

孩子为啥只随他妈呢?

这事值得扒一扒。于是孟神铁铲一转，研究起了遗传，然后做了个实验，总共分三步。

1. 让纯种高豌豆和矮豌豆杂交。

2. 生的豆二代全是高个儿，再让它们杂交。

我是亲生的吗？

3. 豆三代终于出现了矮个儿，高矮比例是3：1。

咋生个孩子还这么严谨？这明显很反常啊，事出反常必有妖！

你们的身子，是我捏的。

这个妖到底是个什么鬼呢?

作为一名神父,最见不得妖魔鬼怪,孟神苦思冥想,觉得应该是这么个事:

豌豆体内有个决定长相的鬼东西,叫**遗传因子**。

遗传因子成对存在,分别来自亲爸和亲妈。

凑在一起,就能决定孩子长啥样。

比如长得高。

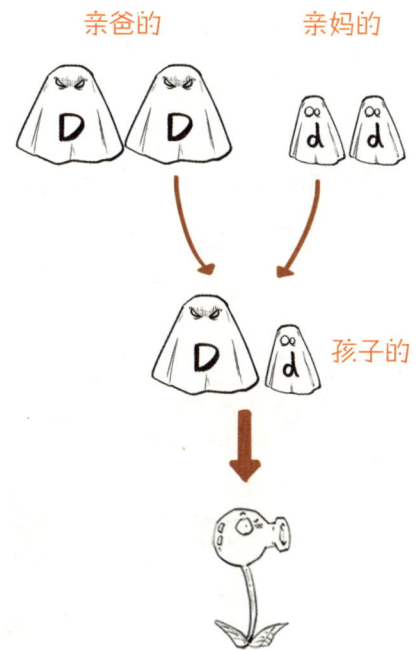

遗传因子还分显性和隐性,孟神把它们用**大写字母**和**小写字母**表示。

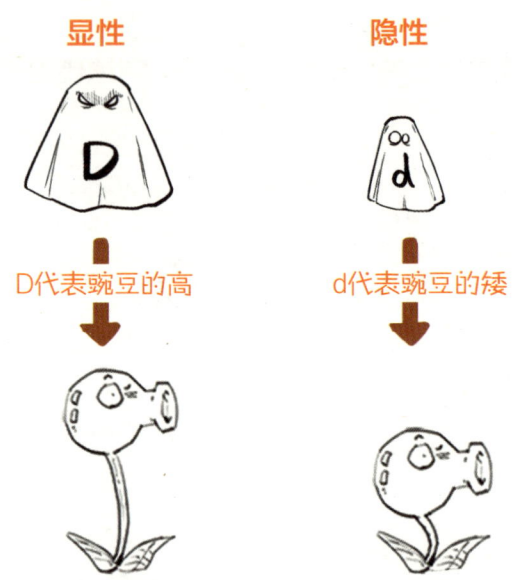

显性因子比较强势,只要有它,豌豆就是高个儿。所以它们和豌豆高矮的关系是这样的:

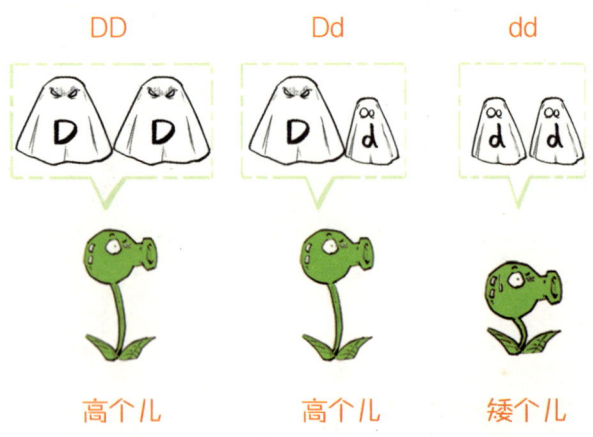

按这个套路,孟德尔用遗传因子算了一下:

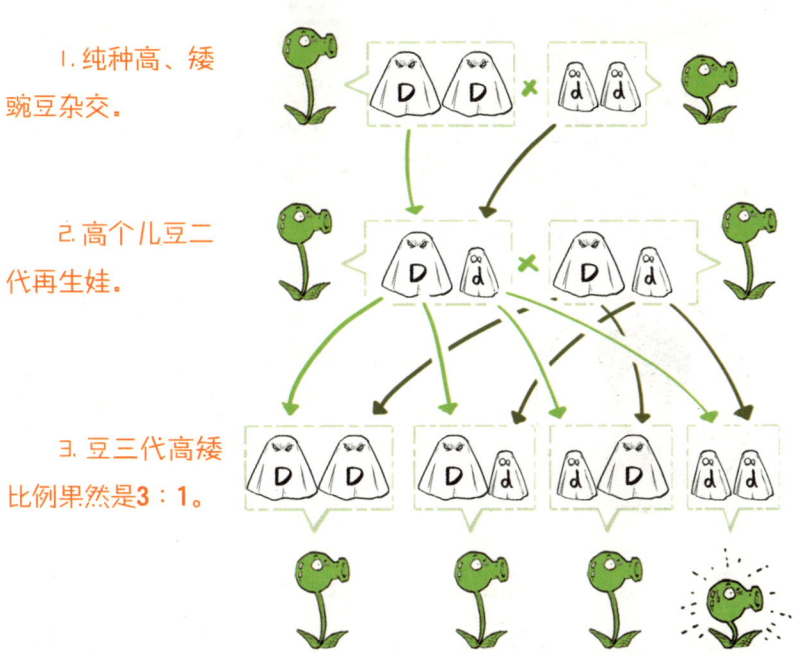

1. 纯种高、矮豌豆杂交。

2. 高个儿豆二代再生娃。

3. 豆三代高矮比例果然是3:1。

看不懂没关系,总之这推测和他种豌豆的结果一模一样!说明盲猜的遗传因子确实靠谱。

借着兴奋的劲儿,孟神撸起袖子继续干,前后足足种了八年豌豆。

当然,说起孟德尔,你别光知道种豌豆,为了实验的严谨性,人家还种过玉米、紫罗兰、紫茉莉等。

憋了八年,孟神搞出了一套新的遗传规律,一想到自己的研究结果即将颠覆生物界,孟神忍不住写了一篇论文,静等疯狂转发。

这就是孟德尔1866年发表的**《植物杂交试验》**,证明了遗传因子的存在,后世研究遗传都学它。

可现实啪啪打脸。

原来，他的思想太超前，一般人看不懂，而且他这种十八线科学家也引不起大家的重视。另外，当时《物种起源》正火爆，你猜大家都看啥？

结果孟神憨的大招,就这么被当成了玩笑。不过面对冷场,当事人很淡定。

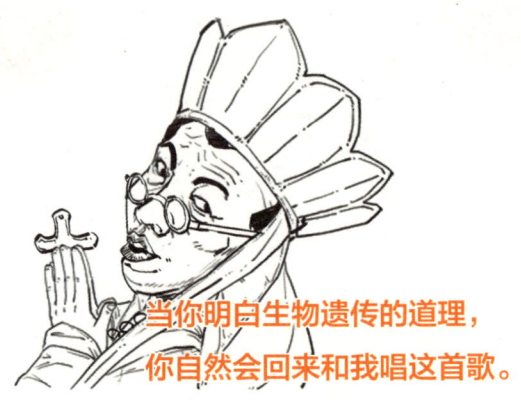

当你明白生物遗传的道理,你自然会回来和我唱这首歌。

当然,孟德尔的原话是:看吧,我的时代来到了。

可惜,刚发现遗传这个小妖精,却没人信,要想抓住它,还需要有缘人。

Part 2：找到妖的老家

孟德尔论文发表的那年，一个好奇宝宝出生了，他就是美国的**摩尔根**。

阿摩大学毕业后也不知道该干啥，就继续读研，因为从小喜欢大自然，就选了喜欢的生物学专业，一直读到博士。

后来做研究时，虽然孟德尔的理论终于被大家重视了，但他不信孟德尔遗传那一套，而是喜欢研究更刺激的**突变**。

他的实验方式就是养**果蝇**——一种喜欢吃水果的小苍蝇，因为长得快、好养活，备受生物学家喜爱。

可果蝇越养越多,实验室的瓶子不够了,自己又穷。阿摩立刻想到:在外靠邻居。于是经常偷邻居的牛奶瓶。

当然,果蝇不是白养的,阿摩想让它们突变,而这样整个实验就要突出一个"虐"字。

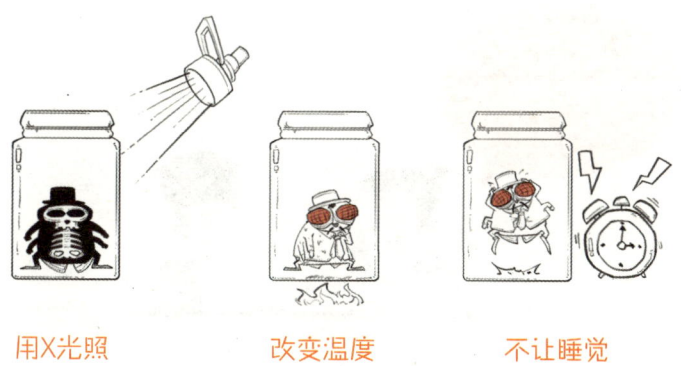

可十大酷刑用尽后，两年过去了，也没见啥效果。

众所周知，果蝇的眼睛是红色的，突然有一天，阿摩在众多果蝇里，发现了一只白眼雄性果蝇。

就是这只白眼果蝇，即将成为基因史上的明星。

得到了这个神奇宝贝,阿摩赶紧给它配了个媳妇,做起了生娃的实验。

1. 先让白眼果蝇和红眼果蝇生娃。

2. 生出的娃全是红眼,再让它们交配生娃。

3. 结果又出现了白眼的,红眼和白眼的比例是 3∶1。

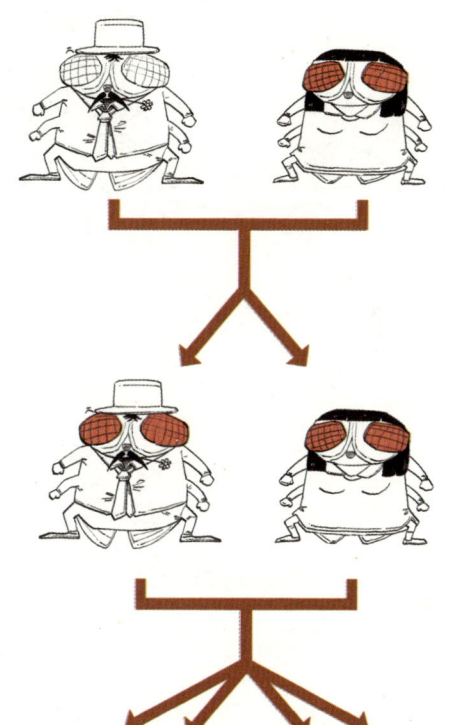

这比例和孟德尔的实验一模一样,这下阿摩才发现,孟神说得对啊!

但实验还没结束。他又掏出显微镜，仔细观察这些白眼果蝇，发现是——

清一色的男同志！

这时遗传物质早有了个正经名字——**基因**。

决定白眼的就是白眼基因。

其实，之前就有人用显微镜观察细胞时，发现细胞核里有个东西能被染色。这就是**染色体**，一般成对存在。

染色体有很多对，但雄性和雌性有一对不一样，那就是**性染色体**。

而且父母可以把染色体传给孩子。

当然孩子的也可能是这样：

巧了，白眼这种性状，就像《葵花宝典》。

传男不传女！

而男女的区别就是性染色体，所以阿摩想明白了，白眼基因就在性染色体上！

这也说明，基因的老家就在染色体上。

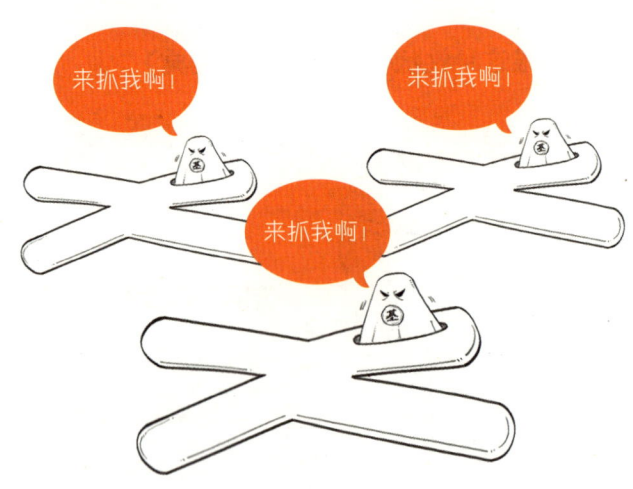

基因学说从此诞生了,之后遗传学不断有重大发现,并成了20世纪研究的热门。

发现妖怪的老家,就代表成功了一半,毕竟,任何妖怪的垮台,都从暴露家庭住址开始。

Part 3：让妖怪现形

冲着染色体，科学家们开始轮番上阵。

他们直捣妖怪的老巢。扒开染色体发现，里面居然有两样东西：

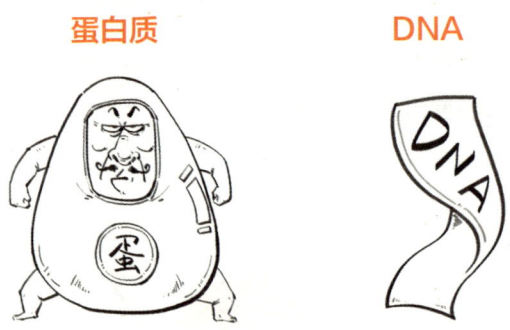

基因又藏在哪个里面呢？

科学家研究**噬菌体**（一种专杀细菌的病毒）时发现，噬菌体只须把自己的DNA注入细菌体内，就能长出新的噬菌体。

这说明基因在DNA上,没跑了。

科学家继续研究DNA,发现这个妖居然是团伙作案!原来DNA上藏着四种碱基:

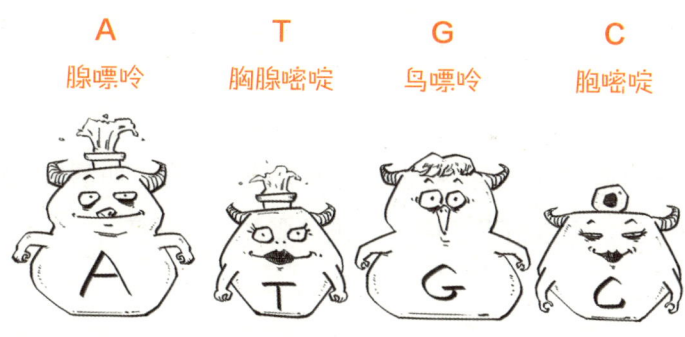

其中A和T、G和C数量相等。

但至于它们怎么组团作案,科学家也无法解释,毕竟它们贼小,根本看不到。想让其现形,必须借助神器——

照妖镜

这个照妖镜就是X射线衍射分析技术。有个叫**富兰克琳**的物理学家,用它拍下了第一张DNA照片。长这样——

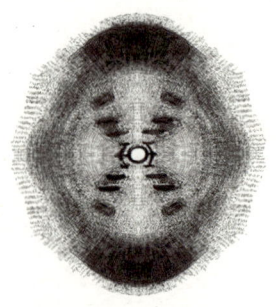

但她没看出这照片有啥神奇之处，就暂时放起来了。

照片后来未经同意，被她一个同事**威尔金斯**拿走了，交给了两个科学家：**沃森**和**克里克**。

他俩本来就研究DNA，这下照片到手，更是如鱼得水、如虎添翼、如花似锦。

他们发现，DNA里的碱基，像他俩这个组合一样，是配对的。

关键是，通过照片，他们终于揭开了DNA的真面目——

双螺旋结构

真实的DNA大概长这样:像一个螺旋的梯子,碱基相当于梯子的横杆。

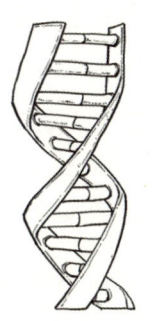

正是这个发现,让沃森、克里克和威尔金斯喜提诺贝尔奖,而拍照片的富兰克琳却没得,这成了科学史上的一大遗憾。

当然,为了方便观看,咱把DNA捋直瞅瞅。

有些片段没用,或者说还不知道有啥用。

而那些有用的,就是**基因**。

它们是怎么起作用的呢?

原来每个人的基因上,碱基的站位都不同。正是这些站位,决定了人长成啥造型。

比如你的某些碱基站位,决定了你的发际线堪忧。

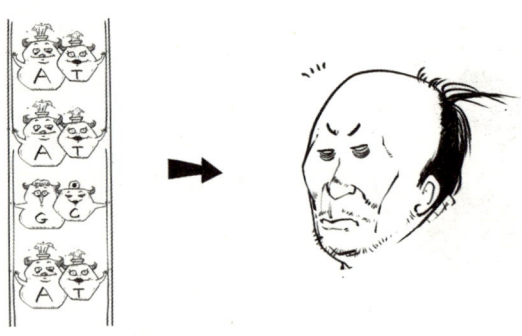

而别人的,决定了他注定秀发满头。

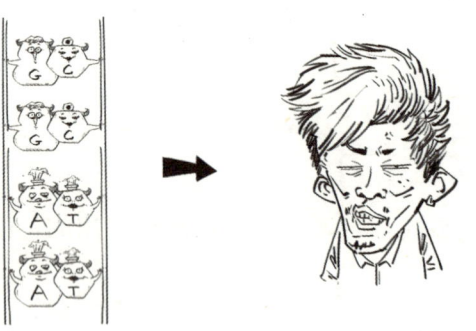

所以,发现了吗?基因就像试卷上的分数——

内容排序一变,就能左右你的脸。

就这样,人类顺藤摸瓜,抓住了控制遗传的妖。

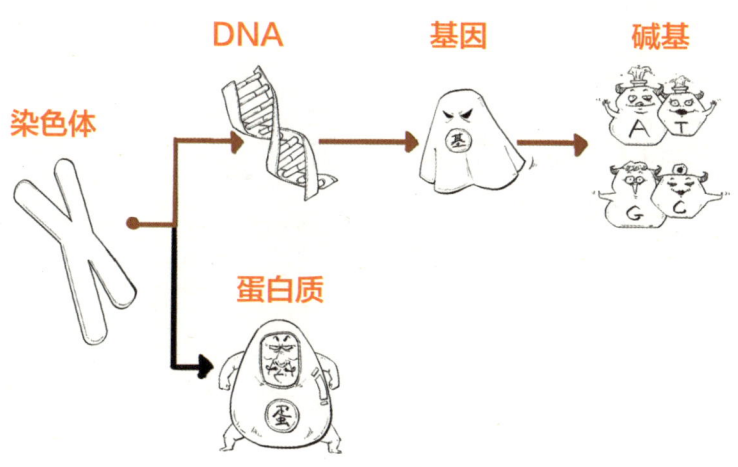

有了孟德尔和摩尔根的神助攻,进化的秘密也就被揭开了。首先,生物的基因可以**突变**。

身体里的基因本来很正常,突然因为意外,

变出了新的基因,这就是突变。

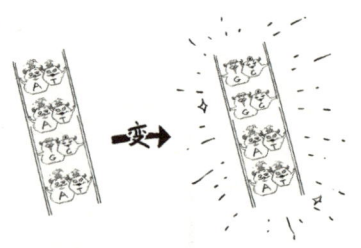

同时,你也收获了一条变异的染色体。

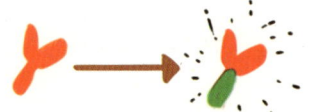

然后,生物可以进行**基因重组**。

原来父母把染色体传给孩子的时候,

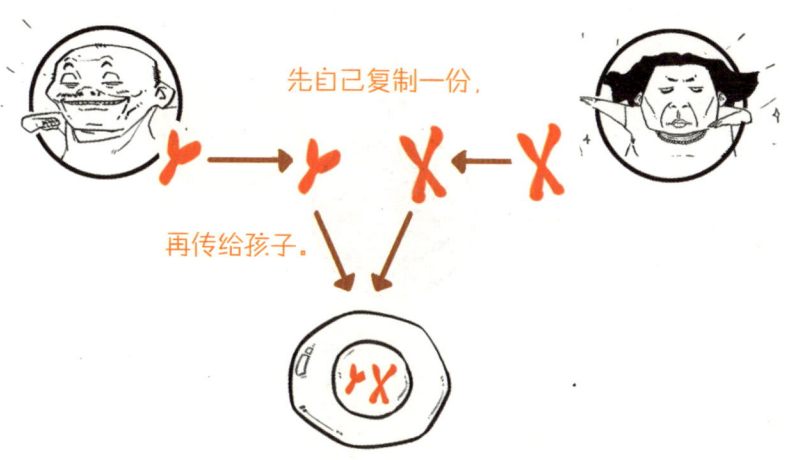

先自己复制一份,

再传给孩子。

但这个复制就像抄作业,抄错了,就会复制出新的染色体。

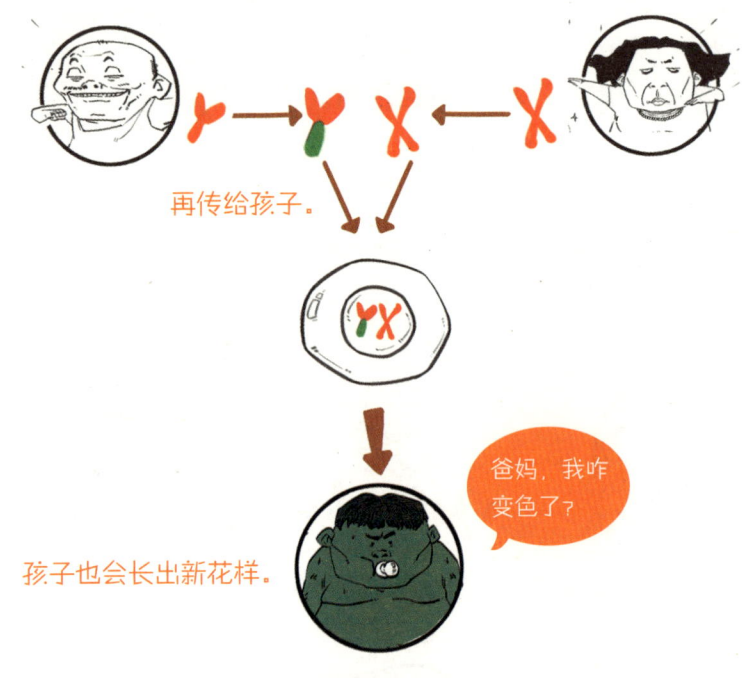

再传给孩子。

孩子也会长出新花样。

爸妈,我咋变色了?

这就是变异。

之后人类对基因越来越熟悉，整出了很多大动静，比如：

转基因

可以产生高产的植物

基因重组

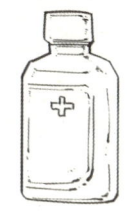

可以制造新的疫苗

还有一个混子哥不太希望你用到的，那就是——

亲子鉴定

番外二、无菌术?
这是一个寻找凶手的故事!

说到医生，大家第一个想到的就是——穿得很**耐撕**（nice）……

但是你知道吗？医生穿白大褂，也就是这一百多年的事。以前穿啥？有两种选择。

总之，穿得很**耐脏**！

这时候问题就来了,大黑袍穿着不好吗?为啥非得换成白大褂呢?

这其实是一个长达几百年的**悬疑故事**!

一、欧洲现场

一切得从欧洲的中世纪开始说起。当时的欧洲就像中了邪,很多人全身变黑,然后一个传一个都挂了。

这就是历史上著名的**黑死病**,一把打包带走了将近三分之一的欧洲人。

但是，当时的欧洲人并不知道这是咋回事，于是暗下决心，誓要——

寻找真凶要紧，但是也得先保护好自己，于是医生给自己加了层防护。

礼帽
保持距离

面罩
防飞沫

初代口罩
鸟嘴下面有孔

皮衣上蜡
尽量密封

然而，这一套看起来霸气十足的顶级装备，**并没啥用！**

病人没救几个，还搭进去不少医生。

不接触，也能传染，人类渐渐意识到，凶手可能是一种我们看不见的东西！

于是，欧洲人的脑子里，逐渐响起一个奇怪的东方旋律。

那么，在我们看不见的世界里，究竟有什么呢？

二、荷兰人的助攻

这个问题,直到几百年后才被一个荷兰的布料商人解开。这个人对生意没兴趣,只喜欢玩放大镜。后来,他换了个有钱有闲的新工作——**看大门**,上班时总偷偷研究镜片。

这个人就是**列文虎克**。

他拿两个放大镜改良成显微镜,到处瞎瞅,瞅着瞅着,居然发现——

到处都是活蹦乱跳的小生命!

这些小生命,
就是**微生物**。

所以,发现了吗?摸鱼才是第一生产力!

他把这些事记录整理成文,寄给英国皇家学会,文章名字叫——

《列文虎克用自制的显微镜观察皮肤、肉类以及蜜蜂和其他昆虫的若干记录》

当时好多人都不信世上还有看不见的生命。为了求证,科学家们也搬回一台显微镜,这一瞅,发现还真有!大家就都疯了。

那么这些小生命是从哪儿来的呢?

262 无菌术?这是一个寻找凶手的故事!

二、打倒那个古希腊人

话说，当年古希腊人亚里士多德发现，腐烂的肉上会生蛆，破布堆会出现跳蚤。他就觉得有些生物可以无中生有！于是提出了**自然发生论**。

这种说法在当时认同度很高，所以，大家觉得微生物也遵循自然发生论，像魔术一样，是凭空变出来的。

后来,有个英国人为了验证这个说法,还专门做了个实验。

把瓶里的肉汤烧开,

然后密封,隔绝空气。

但是过一段时间,瓶内的汤变浑了。这说明有微生物产生,无中生有是对的!

于是,这位英国朋友就认定:自然发生论肯定没问题!

264 无菌术?这是一个寻找凶手的故事!

但也有人不服，万一是塞子塞晚了呢？

直到出现一名绝世高手——

他升级了装肉汤的容器：**鹅颈瓶**。

他把肉汤灌进去，煮开后放凉，但是不密封。

神奇的事情发生了：肉汤居然没坏！

那么问题来了，为啥既没产生微生物，肉汤也没有一丝丝改变呢？巴斯德是这样解释的：

微生物不会凭空产生， 它们都是从空气里进来的。

只不过，这些微生物不会脑筋急转弯，所以它们只能落在S弯附近，没机会进入肉汤。

为了进一步取证，巴斯德把瓶放倒，让肉汤亲密接触瓶颈。

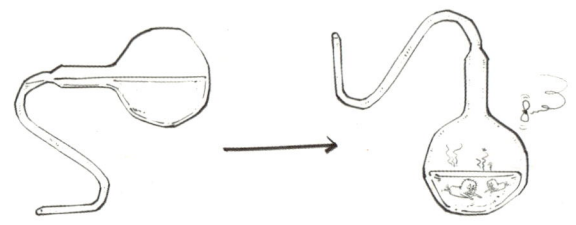

你猜怎么着？肉汤中很快出现了小微！

这下巴斯德更确定了，微生物根本不是无中生有，而是**本来就有！**

说个题外话，这个巴斯德就是**巴氏消毒法**的创始人，如今这种消毒法已广泛应用于饮料工业。

266 无菌术？这是一个寻找凶手的故事！

四、锁定凶手

巴斯德还觉得，既然微生物能把肉汤搞坏，说不定，把人搞病的也是它！

果然，巴爷后来证实了蚕病、产褥热等一大堆疾病，都是微生物引起的！

真凶找到了！

巴斯德发现小微有害,就在科学院的会议上向医生呼吁——

但医疗事关人命,所以医学圈不敢轻易接受新理论。

而且,巴斯德和列文虎克一样,都不是圈内人,说话没人信,所以这个建议,最终停在了只是个建议的阶段。

五、干就完事了

这个世界总是有识货的人,但你可能需要一个比较开窍的圈内人,比如——

李斯特知道巴爷的研究后,也悄悄开始相信:病人伤口感染,很可能也是小微搞的鬼。

经过多次实验,李斯特发现**石炭酸**能让微生物嗝儿屁!

术前用石炭酸清洗双手和器械，效果绝佳。

他还发明了一种喷雾，给手术室整体消毒后，术后死亡率明显下降。

李斯特的消毒方法，也慢慢传播开来。

注意！

也就是这个时候，李斯特觉得黑色容易藏污纳垢……

于是，咱们的白衣天使正式登场！

慢慢地，人类对付病菌的手段也越来越多，德国首先采用**热蒸汽**消毒手术器械和敷料。

美国医生发明了**橡胶手套**，封印住了最重要的感染途径。

美国人就是爱跟手套过不去。

刺激性很强的石炭酸也被75%酒精替代，至此，现代无菌术逐渐形成。

有了无菌术，微生物再也不能为所欲为了。

以前活得像绝命毒师，现在活像阶下囚犯！

不过，消毒大法虽然好，但都是预防性质的，那如果人体已经感染了咋整呢？

六、宜将剩勇追穷寇

为了不再遭受微生物的祸害,更多的人开始研究它,其中有个汉子叫**弗莱明**,他的日常就是培养各种细菌。

有次弗莱明在培养皿里种下了**葡萄球菌**后,就带着全家出去玩耍了,但他回家后却有意外发现!

按理来说葡萄球菌应该长这样:

但结果是这样:

这块地方的葡萄球菌没长出来,而是被另一种真菌给占领了。

为啥地盘被占了呢？原来这种真菌有个秘密武器。

它能分泌一种"毒药"，杀死其他细菌。

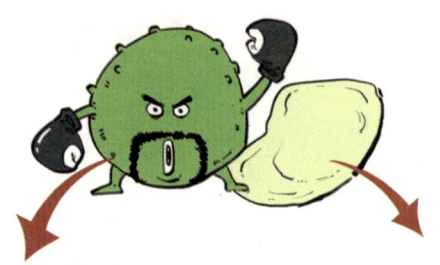

后来弗莱明给这种真菌取名叫**青霉菌**，

而它的分泌物就叫**青霉素**。

人们由此知道青霉素能抵抗细菌的侵袭，科学家们也逐渐意识到，青霉素可以治疗和避免伤口发炎。

所以，接下来的事情就是大量提取这种真菌，但从哪里提取呢？

弗莱明死磕很久，最终还是没能成功！

后来在二战期间，一个叫**弗洛里**的人，在坏瓜中成功提纯。

后来青霉素在二战中拯救了无数的生命,现在已经成了居家旅行的必备品!

不过我们现在使用的青霉素,可不是从坏瓜中提取的,而是通过发酵技术得到的。

综观这段历史,其实是一部人类科学发展史,也正是无数科学家绞尽脑汁地拼命死磕,科学才得以发展。

**我们的生命,
也才多了一重保障!**

参考书目

[1] 赵峥. 相对论百问 [M]. 北京：北京师范大学出版社，2012.

[2] 曹天元. 上帝掷骰子吗 [M]. 辽宁：辽宁教育出版社，2006.

[3] 吴飙. 简明量子力学 [M]. 北京：北京大学出版社，2020.

[4] 梁灿彬，周彬. 微分几何入门与广义相对论 [M]. 北京：科学出版社，2009.

[5] 吴大猷. 电磁学 [M]. 北京：科学出版社，1983.

[6] 麦克斯韦. 电磁通论 [M]. 北京：北京大学出版社，2010.

激发个人成长

多年以来,千千万万有经验的读者,都会定期查看熊猫君家的最新书目,挑选满足自己成长需求的新书。

读客图书以"激发个人成长"为使命,在以下三个方面为您精选优质图书:

1. 精神成长
熊猫君家精彩绝伦的小说文库和人文类图书,帮助你成为永远充满梦想、勇气和爱的人!

2. 知识结构成长
熊猫君家的历史类、社科类图书,帮助你了解从宇宙诞生、文明演变直至今日世界之形成的方方面面。

3. 工作技能成长
熊猫君家的经管类、家教类图书,指引你更好地工作、更有效率地生活,减少人生中的烦恼。

每一本读客图书都轻松好读,精彩绝伦,充满无穷阅读乐趣!

认准读客熊猫

读客所有图书,在书脊、腰封、封底和前后勒口都有"**读客熊猫**"标志。

两步帮你快速找到读客图书

1. 找读客熊猫

2. 找黑白格子

马上扫二维码,关注"**熊猫君**"

和千万读者一起成长吧!